大型输水渠道膨胀土（岩）渠段实体问题处理研究

何向东　刘吉永　张　帅　屈艳红　陈　妍　许伟伟
张　巍　申　晶　郑鹏飞　郑焱冰　马自杰　马慧敏　　著

黄 河 水 利 出 版 社
·郑 州·

图书在版编目(CIP)数据

大型输水渠道膨胀土(岩)渠段实体问题处理研究/何
向东等著. —郑州:黄河水利出版社,2021.9
ISBN 978-7-5509-3093-3

Ⅰ.①大…　Ⅱ.①何…　Ⅲ.①南水北调-水利工程-
渠道-膨胀土-处理-研究　Ⅳ.①TV698

中国版本图书馆 CIP 数据核字(2021)第 189313 号

组稿编辑:王志宽　电话:0371-66024331　E-mail:wangzhikuan83@126.com

出　版　社:黄河水利出版社　　　　　　　　　网址:www.yrcp.com
　　　　　地址:河南省郑州市顺河路黄委会综合楼 14 层　邮政编码:450003
发行单位:黄河水利出版社
　　　　　发行部电话:0371-66026940、66020550、66028024、66022620(传真)
　　　　　E-mail:hhslcbs@126.com
承印单位:河南新华印刷集团有限公司
开本:787 mm×1 092 mm　1/16
印张:10.75
字数:248 千字
版次:2021 年 9 月第 1 版　　　　　印次:2021 年 9 月第 1 次印刷

定价:65.00 元

前　言

　　膨胀土(岩)是具有胀缩性、裂隙性和超固结性的岩土,其工程性质非常特殊,膨胀土(岩)对水分状态的变化十分敏感,这种敏感性会引起膨胀土(岩)体积和强度的变化,往往造成工程建筑物的破坏;膨胀土(岩)体内裂隙发育,具有一定的定向特征,且裂隙面强度很低,当顺坡向发育时,往往会引起边坡失稳。膨胀土(岩)在世界范围内分布广泛,已有40多个国家和地区发现其踪迹,在我国的分布范围也极为广泛,从海南到黑龙江,从广西到新疆都有其踪迹。膨胀土(岩)的工程危害具有多次反复性和长期潜伏性,在世界各地频繁发生,是当今岩土工程界的全球性技术难题之一。

　　与其他工程相比,在水利工程(尤其是渠道工程)中遇到的膨胀土(岩)问题更多、更难处理。对于渠道工程而言,为适应地形条件变化,渠道工程有填方、半挖半填和挖方三种类型。与道路工程、工业与民用建筑物运行条件相比,膨胀土(岩)渠道运行的地质环境、施工环境、土体状态及其与水相互作用的条件等,对于边坡稳定是最为不利的。输水渠道有稳定的水头作用,导致无论采用何种防渗措施,从长期角度看,渠道渗漏都是不可避免的,这一点是膨胀土(岩)地段的渠道工作状态的重要特点。南水北调中线一期工程总干渠担负自丹江口至北京、天津常年输水的任务,具有过水断面尺寸大、高水头运行、沿线膨胀土(岩)地区工程地质和水文地质条件复杂等特点,这些特点决定了其膨胀土(岩)边坡稳定和处理问题不同于公路、铁路、机场等工程,膨胀土(岩)渠道边坡的处理更加复杂困难。

　　从20世纪50年代提出建设南水北调工程的设想以来,南水北调中线工程膨胀土(岩)问题一直是困扰工程建设者的难题,20世纪60年代,为了配合南水北调工程的建设,在南阳成立了地质勘察队,对中线工程膨胀土(岩)进行了长期勘察研究;70年代,引丹总干渠发生了14个大小不等的滑坡,膨胀土(岩)问题更加受到各方的重视,通过对14个滑坡采取了不同工程处理措施,积累了膨胀土(岩)边坡处理的经验;80年代,在南阳刁南灌渠开展了长达5年的现场监测,对膨胀土(岩)问题获得了进一步的认识;到90年代,国内多个单位对南水北调中线工程膨胀土(岩)的基本特性等进行了调查研究。进入21世纪以后,开展了大型现场试验研究,对膨胀土(岩)渠坡稳定的影响因素获得了深入认识。2006年,随着南水北调中线工程的实施,国家"十一五"科技支撑课题"膨胀土(岩)地段渠道破坏机理及处理技术研究"正式立项,设计人员以国内外最大规模的膨胀土(岩)渠道原型试验为依托,运用地质勘察、现场试验、室内试验、大型常重力模型、离心模型试验、数值分析等多种研究手段,开展了全面、系统的科研工作。在河南新乡、南阳,河北邯郸等地,对代表性的膨胀岩及膨胀土进行了大规模取样,并开展了大规模室内物理力学特性的研究工作,同时进行了河南新乡潞王坟膨胀岩试验段以及河南南阳膨胀土试验段两个现场原型试验。以上研究对南水北调中线膨胀土(岩)渠道的设计提供了强大的技术支撑。

南水北调中线一期工程于 2014 年 12 月通水,截至 2017 年 6 月通水运行两年半后全线均没有出现影响渠道正常运行的滑坡事件,膨胀土(岩)段渠道处理总体上效果显著,但衬砌板裂缝、隆起、错台现象以及一级马道以上小范围坍塌、滑坡、冲毁现象也有发生。为此,工程设计人员针对渠道实际运行过程中遇到的一些问题,总结了一套膨胀土(岩)渠段工程实体问题研判及处理措施以供相关人员参考。

本书依托南水北调工程膨胀土(岩)科研课题及设计成果,结合运行管理期膨胀土(岩)渠段日常运行维护现状,对大型输水渠道膨胀土(岩)渠段设计原则进行梳理,对膨胀土(岩)渠段边坡稳定计算进行分析,对渠道常见实体问题进行分类,对产生原因进行分析,并提出实体问题研判方法及处理建议,对大型输水渠道膨胀土(岩)渠段设计、运行管理具有一定指导意义。第 1 章主要回顾了国内外膨胀土(岩)研究的历史,分析了膨胀土(岩)渠道设计所面临的主要问题,以及运行过程中已出现的实体问题。第 2 章重点叙述了大型输水渠道的设计原则及断面结构形式设计方法,包括渠道纵、横断面设计,断面结构形式设计以及渠基的渗控设计等。第 3 章首先对膨胀土(岩)边坡稳定计算中存在的问题进行分析,提出膨胀土(岩)渠段边坡稳定分析方法,并选取典型断面进行实例分析,提出膨胀土(岩)渠道设计要点。第 4 章介绍了渠道安全监测所要解决的问题及监测目标,同时叙述了安全监测设备选型、布置原则及仪器埋设原则方法,并选取典型断面进行实例分析。第 5 章介绍了膨胀土(岩)渠段的工程现状,特别是南水北调中线膨胀土(岩)渠段概况,对南水北调中线膨胀土(岩)渠段的处理措施以及处理效果进行了分析。第 6 章给出了膨胀土(岩)渠段常见的实体问题,介绍了渠道不同部位坡体破坏、坡面防护结构破坏及坡顶防护结构破坏所表现出来的特征,结合工程实例进行破坏原因、风险及影响分析。第 7 章对膨胀土(岩)渠段工程中常见的实体问题可能构成渠道安全运行潜在的风险进行分类,并分别提出各类风险点的研判标准。第 8 章提出监测资料的分析方法、监测数据异常分类、研判标准以及异常情况处置,并选取某大型输水渠道一些膨胀土(岩)渠段的监测资料,进行案例分析。第 9 章针对不同的膨胀土(岩)渠段实体风险点,分类提出了防控措施及处理建议。

本书是作者长期从事膨胀土(岩)渠段科研、设计工作的总结,是对大型输水渠道膨胀土(岩)渠段前期科研和设计成果的总结,是对运行过程中遇到的实体问题研判方法及处理措施的总结提升,谨向所有参加本项工作的科研工作者以及运行管理人员表示衷心的感谢!

本书前言由何向东撰写,第 1 章由张帅、刘吉永撰写,第 2 章由张帅、陈妍撰写,第 3 章由陈妍、刘吉永撰写,第 4 章由何向东、张巍、申晶撰写,第 5 章由屈艳红、何向东撰写,第 6 章由何向东、许伟伟撰写,第 7 章由许伟伟撰写,第 8 章由刘吉永、张帅撰写,第 9 章由屈艳红、郑淼冰、郑鹏飞、马自杰撰写。第 1、2、3 章由张帅负责校审及统稿,第 4、5、6 章由何向东负责校审及统稿,第 7、8、9 章由刘吉永负责校审及统稿,马慧敏为本书插图及资料整理做出了大量工作。

作　者
2021 年 7 月

目　录

第 1 章 绪 论

1.1 膨胀土(岩)国内外研究概况

膨胀土(岩)主要是由强亲水性黏土矿物组成,具有膨胀结构性、多裂隙性、强胀缩性和强度衰减性的高塑性黏土。它的重要特征包括:①由膨胀性黏土矿物组成(主要是蒙脱石和伊利石);②膨胀结构性(包括晶格膨胀);③多裂隙性及其各种形态裂隙组合;④较强烈的胀缩性,且膨胀时产生膨胀压力;⑤强度衰减性;⑥超固结性;⑦对气候和水因素的敏感性;⑧对工程建筑物的成群破坏性。

膨胀土(岩)在天然状态下常处于非饱和状态,对气候和水因素有较强的敏感性,这种敏感性对工程建筑物会产生严重的危害。膨胀变形引起建筑物的破坏形态繁多,几乎无所不包。膨胀土(岩)给工程建筑物带来的危害,既表现在地表建筑物上,也反映在地下工程中。它不仅包括铁路、公路、渠道的所有边坡、路面和基床,也包括房屋基础、地坪,同时包括地下洞室及隧道围岩、衬砌,甚至还包括这些工程中所采取的稳定性措施,如护坡、挡土墙和桩等。而且这种破坏常常具有多次反复性和长期潜在的危害性,采取工程措施后工程造价显著提高,因而国际工程界称膨胀土(岩)为"隐藏的灾害"或"难对付的土"。迄今已有 40 多个国家和地区报道了有关膨胀土(岩)问题造成的危害,尤其是在中国、美国、加拿大、澳大利亚、印度、南非和以色列,膨胀土(岩)的分布极广,危害更大。

膨胀土(岩)问题在 20 世纪 30 年代开始被工程师所认识和重视,工程界逐渐领悟到在膨胀土(岩)地区修建的工程建筑物所经受的变形破坏有别于其他类型的岩土。在 20 世纪 40 年代至 50 年代初期,由于受当时科技水平的限制,人们只是对膨胀土(岩)所造成的工程破坏现象进行初步分析,然后加以处理,而对膨胀土(岩)极为复杂的物理化学和力学特性却知之甚少。

20 世纪 50 年代以来,生产技术的飞速发展和人类工程活动范围扩大,为膨胀土(岩)研究提供了丰富的材料。这一时期各国对膨胀土(岩)的研究一方面着重对建造在膨胀土(岩)上的建筑物的稳定性分析,进而探讨各种变形破坏的性质与原因,研究建筑物的补救措施;另一方面是重点研究膨胀土(岩)的物质成分及其工程地质性质、膨胀机制等基本理论的探索。还通过大量的调查勘探和试验研究,提出了许多鉴别膨胀土(岩)的方法和标准以及评价原则。这一系列研究成果的取得为膨胀土(岩)研究科学发展打下了坚实的基础。

20 世纪 60 年代以来,膨胀土(岩)研究受到广泛重视而迅速发展,而且从一些国家或地区的研究逐渐发展成为世界性的共同课题。1965 年第一届国际膨胀土(岩)会议在美国的得克萨斯州举行,主要在"覆盖地区湿度平衡及湿度变化"和"膨胀土(岩)湿度变化的工程效应"两个总题下讨论了环境因素、有效应力及有关因素的变化、膨胀土(岩)地基的力学特性等内容。1969 年第二届国际膨胀土(岩)会议仍在美国的得克萨斯州举行,这次会议着重讨论了膨胀土(岩)的概念,标志着理解问题有了新的进展。但由于膨胀土(岩)的复杂性和对这种土所引起的工程问题缺乏有效的解决办法,未能系统制定全世界适用的一般总则。这一时期尽管膨胀土(岩)的研究从理论到实践都还不够成熟,但是,它标志着岩土工程及工程地质中的一个新的研究领域的形成。

　　20 世纪七八十年代是全世界膨胀土(岩)研究蓬勃发展的时期,曾在世界范围内形成研究的热潮。对膨胀土(岩)试验的概念和分析方法、膨胀土(岩)的现场研究和环境影响,膨胀土(岩)地基处理以及膨胀土(岩)上基础的专门设计和施工方法等问题进行了深入的研究。许多国家为统一对膨胀土(岩)的认识,制定了共同遵循的设计原则和工程措施,并先后颁发了各种国家级的标准化文件与规范。在国际土力学及基础工程学会下设了膨胀岩土专业委员会。这期间,国际性的膨胀土(岩)会议召开了四届,区域性土的国际会议以及土力学和基础工程国际会议中有大量的有关膨胀土(岩)的研究论文发表。这些研究成果既为各国经济建设提供了技术支持,也有力地推动了膨胀土(岩)研究的方向发展。与此同时,这一期间大量的实践经验证明,采用传统的土力学理论已难以有效地解决膨胀土(岩)引起的特殊问题。

　　20 世纪 90 年代以来,非饱和土的研究在国际上受到愈来愈多的关注,并开始形成独立的土力学分支,作为区域性土来研究的膨胀土(岩)、残积土、湿陷性黄土等均纳入非饱和土的范畴,人们开始应用非饱和土力学理论来研究和解决膨胀土(岩)及残积土有关的工程问题。由于非饱和土理论的快速发展以及人们对其用于解决特殊土问题尤其是膨胀土(岩)问题的积极态度,从第七届国际膨胀土(岩)会议后,膨胀土(岩)国际会议改名为国际非饱和土会议。

　　我国是世界上膨胀土(岩)分布面积最广的国家之一,膨胀土(岩)分布的面积超过 100 000 km²。我国膨胀土(岩)的研究始于 20 世纪 50 年代,主要由于当时兴修的铁路(如四川成渝铁路)沿线发生膨胀土(岩)路基滑坡非常普遍而引起重视。60 年代以来水利灌溉工程(如安徽淠史杭灌渠)、几条重要的铁路干线(如太焦铁路詹东段、成昆铁路)以及工业与民用建筑物(如湖北郧县县城的迁址)的修建和运行中也普遍遭到膨胀土(岩)的破坏问题。所有这些膨胀土(岩)地区的工程实践都为认识膨胀土(岩)和系统开展膨胀土(岩)的研究积累了比较丰富的资料。但当时主要集中于工程危害的处理上,少量的、较为基础性的研究也大都带有经验性和半经验性的特点。直至 70 年代初,我国才开始有组织、有计划地在全国范围内开展大规模膨胀土(岩)普查工作,在此基础上开展了膨胀土(岩)试验与研究工作。在膨胀土(岩)的判别方法、膨胀土(岩)建筑场地的综合评价、膨胀土(岩)地基及建筑物的变形计算和膨胀土(岩)地基大气影响深度等方面进行了卓有成效的研究。80 年代以来,我国的铁路、水利、交通等部门对膨胀土(岩)又组织了比较系统的研究,取得不少有意义的成果,并制定了膨胀土(岩)地区建筑规范。

　　近年来,随着我国经济建设的迅猛发展,高速公路向中西部地区快速延伸,膨胀土(岩)地质灾害对公路建设和运营的危害日趋严重,引起了交通部门和公路建设领域工程师们的高度关注,不少专家学者和工程技术人员开展了大量的理论分析、试验研究和工程实践,并取得了不少有价值的成果和经验,内容涵盖了膨胀土(岩)的判别分类、膨胀土

(岩)的工程性质、非饱和土理论及膨胀土(岩)地区公路勘察技术、路基防护与加固技术、构筑物地基与基础处治技术、公路路域生态环境保护技术等。

与其他工程相比,在水利工程(尤其是渠道工程)中遇到的膨胀土(岩)问题更多、更难处理。对于渠道工程而言,为适应地形条件变化,渠道工程有填方、半挖半填和挖方三种类型。与道路工程、工业与民用建筑物运行条件相比,膨胀土(岩)渠道运行的地质环境、施工环境、土体状态及其与水相互作用的条件等,对于边坡稳定是最为不利的。输水渠道有稳定的水头作用,导致无论采用何种防渗措施,从长期角度看,渠道渗漏是不可避免的,这一点是膨胀土(岩)地段的渠道工作状态的重要特点。

膨胀土(岩)对于渠道工程的影响主要体现在两个方面:其一是影响渠坡稳定,在大气影响深度范围内,极易形成牵引式的浅层滑坡,或者形成由结构面控制的深层滑坡,这种危害具有反复性;其二,膨胀土(岩)胀缩变形对渠道衬砌和其他结构物的破坏,造成渠道漏水,并进一步导致渠坡稳定状态的恶化。当年修建南水北调陶岔渠首引渠时就遇到膨胀土(岩)地层,在膨胀土(岩)边坡较缓的情况下仍相继发生了 13 处大滑坡,虽经采取放缓边坡、局部支挡、抗滑桩加固等工程措施处理,膨胀土(岩)边坡得以稳定,但其耗费的财力、物力已远远超出工程预算,同时还引起了新的工程占地及环境保护等问题。这种费力费钱的"硬"办法现时已不宜简单套用。

南水北调中线一期工程总干渠担负自丹江口至北京、天津常年输水的任务,具有过水断面尺寸大、高水头运行、沿线膨胀土(岩)地区工程地质和水文地质条件复杂等特点,这些特点决定了其膨胀土(岩)边坡稳定和处理问题不同于公路、铁路、机场等工程,膨胀土(岩)渠道边坡的处理更加复杂困难。

从 20 世纪 50 年代提出建设南水北调工程的设想以来,南水北调中线工程膨胀土(岩)问题一直是困扰工程建设者的难题,科研、勘察、设计等相关单位进行了长期的探索研究,取得了较多有益的成果,为工程的实施奠定了良好的基础。

20 世纪 60 年代,为了配合南水北调工程的建设,在南阳成立了地质勘察队,对中线工程膨胀土(岩)进行了长期勘察研究;70 年代,引丹总干渠发生了 14 个大小不等的滑坡,膨胀土(岩)问题更加受到各方的重视,通过对 14 个滑坡采取了不同工程处理措施,积累了膨胀土(岩)边坡处理的经验;80 年代,在南阳刁南灌渠开展了长达 5 年的现场监测,对膨胀土(岩)问题获得了进一步的认识;到 90 年代,国内多个单位对南水北调中线工程膨胀土(岩)的基本特性等进行了调查研究。进入 21 世纪以后,2000 年长江科学院会同香港科技大学在湖北枣阳开展了"降雨对膨胀土(岩)边坡稳定的影响"大型现场试验研究,进行了历时 1 年的膨胀土(岩)渠坡现场监测和现场试验,对膨胀土(岩)渠坡稳定的影响因素获得了深入的认识。

2006 年,随着南水北调中线工程的实施,国家"十一五"科技支撑课题"膨胀土(岩)地段渠道破坏机理及处理技术研究"正式立项。该课题以南水北调中线工程的膨胀土(岩)问题为工程背景,针对膨胀土(岩)边坡稳定的世界级难题,以国内外最大规模的膨胀土(岩)渠道原型试验为依托,运用地质勘察、现场试验、室内试验、大型常重力模型、离心模型试验、数值分析等多种研究手段,开展了全面、系统的科研工作。在河南新乡、南阳,河北邯郸等地,对代表性的膨胀岩及膨胀土(岩)进行了大规模取样,并开展了大规模室内物理力学特性的研究工作,同时进行了河南新乡潞王坟膨胀岩试验段以及河南南阳膨胀土(岩)试验段两个现场原型试验。"十一五"期间开展了膨胀土(岩)地质结构分带特征、裂隙分布、地下水分布及影响研究;完成了换填黏性土、水泥改性土、土工格栅等处理方案的碾压试验研究工作。同时,围绕膨胀土(岩)、膨胀岩的特性开展了大量的胀缩性、力学性质、渗透性室内试验工作,通过大型常重力模型试验、离心模型试验研究了膨胀土(岩)渠坡的破坏机制,研究了膨胀岩土边坡数值分析方法,并进行了膨胀土(岩)物理改性及化学改性的相关试验研究。

1.2　膨胀土(岩)渠道设计所面临的主要问题

膨胀土(岩)是具有胀缩性、裂隙性和超固结性的黏性土,其工程性质非常特殊。膨胀土(岩)工程危害具有多次反复性和长期潜伏性,在世界各地频繁发生,是当今岩土工程界的全球性技术难题之一。与国内外其他工程的膨胀土(岩)问题相比,输水渠道工程沿线膨胀土(岩)处理更加复杂:一是由于其线路长、膨胀土(岩)类型多,既有膨胀土(岩)又有膨胀岩,同类膨胀土(岩)在不同地段表现出来的膨胀特性不同,地质结构差异大,变形破坏形式多样。二是国外在膨胀土(岩)地区已建成的渠道边坡高度多在3～6 m,而大型输水渠道膨胀土(岩)地段最大挖深可达50 m左右,随着渠道边坡高度的增大,超固结性引起卸荷作用与裂隙性、地下水的作用等相互叠加,将使深挖方膨胀土(岩)渠道边坡稳定问题和渠基变形问题变得更为复杂。三是国外膨胀土(岩)渠道所在地区气候变化相对较小,气候干旱且降雨季节差别小。大型输水渠道膨胀土(岩)分布地域广,旱季和雨季特征鲜明,大气及土体干湿变化大,膨胀土(岩)胀缩作用更为突出,边坡稳定性控制更加困难。四是与铁路和公路等工程相比,调水工程渠道长年涉水,渠道既要防渗,还要防止地下水入渗,使边坡防治更加复杂。因此,大型输水渠道膨胀土(岩)渠坡防治问题的复杂程度是没有先例的,如何保障膨胀土(岩)渠道建设期和运行期间的安全是面临的重要难题之一。

膨胀土(岩)地段渠道设计所面临的主要问题有如下几点:

(1)膨胀土(岩)地段渠道断面形式与合理的设计坡比:膨胀土(岩)的胀缩变形使得边坡浅层失稳的危险显著增大,而地层中存在的结构面、裂隙面又将引起边坡深层稳定问题,因此膨胀土(岩)地段渠道断面设计与边坡的坡比,既要考虑土体的膨胀性,还要兼顾土体地质结构、地下水环境、大气影响深度等各种影响因素。

(2)边坡稳定安全分析方法:现有设计规范对膨胀土(岩)的边坡稳定分析均采用极限平衡法,该计算方法是建立在假定滑动面的滑坡体所受的力或力矩的平衡来进行分析的方法,该方法既不能考虑膨胀性(膨胀变形和膨胀力)对边坡稳定的影响,而且,其强度参数的选取也没有严格区分土体强度和裂隙面强度,使得计算结果往往与边坡实际安全状态不符。

(3)渠坡及渠基处理问题:膨胀土(岩)的胀缩变形主要受土体含水率变化影响,为此,在渠坡及渠基处理设计中应考虑防渗排水措施,保持土体含水率相对稳定,同时,渠坡加固措施结构设计需要综合考虑渠坡安全系数和结构安全系数,争取做到结构安全、经济合理。

1.3　膨胀土(岩)渠道主要实体问题

膨胀土(岩)地区的大型输水渠道工程设计,主要是解决好渠坡稳定和衬砌结构稳定的问题。这其中既有浅层膨胀土(岩)的处理问题,又有深层膨胀土(岩)的防治问题;既有防治膨胀土(岩)的结构合理布局问题,又有多种不同性能材料综合治理膨胀土(岩)的选材问题。根据以往工程经验,膨胀土(岩)地区的大型输水渠道主要工程实体问题如下:

(1)原膨胀土(岩)边坡的深层滑动问题,如位于南阳盆地膨胀土(岩)地区的引丹灌渠陶岔引渠渠首,1969 年施工开挖到渠底时,相继发生了 13 处大滑坡。

(2)处理层的滑动问题,如某灌渠膨胀土(岩)渠段采用换填 1 m 厚非膨胀土(岩)处理,施工完成后,由于灌溉期间地下水位迅速抬升,换填层后地下水压力增大,造成换填层的滑塌。

(3)膨胀土(岩)渠段过水断面衬砌板的裂缝、错台及塌陷等破坏现象。如印度普恩拉灌溉工程,渠道建成以后,每年都有滑坡发生,衬砌破坏严重,致使渠道常常发生堵塞。

(4)膨胀土(岩)渠段非过水断面防护层的破坏问题,如混凝土拱形骨架护坡的开裂,坡脚纵向排水沟的挤压变形等问题。

目前,尚没有针对膨胀土(岩)渠段工程实体问题的认证标准和处理规范,这使得有些基层管理单位在遇到问题时,认识和处理没有统一的标准,存在问题认识不足、处理方案滞后、措施不对症、处理成本增高、成效不显著等问题,不利于工程平稳安全运行。本书将从工程实际出发,从前期设计、施工及后期运行管理,理论联系实际,将膨胀土(岩)地区的大型输水渠道实体问题进行深入研究,并提出实体问题研判方法、处理流程及措施建议,以供工程界同行借鉴、参考。

第2章 渠道设计原则及输水断面结构形式

2.1 渠道断面布置

纵横断面设计是渠道设计的重要组成部分,设计成果直接影响到工程的投资和工程的合理性及安全性,因此在设计中必须引起足够的重视。渠道纵横断面的确定应满足以下要求:①保证设计输水能力和边坡稳定安全;②水头损失小,水位衔接平顺;③水位满足自流的要求;④蒸发渗漏损失少;⑤节约土地,经济合理;⑥施工、运用与管理方便。

渠道断面可分为宽浅与窄深两类。宽浅渠道断面水流比较稳定,水深变幅小,不易淤积或冲刷,在适当的地形条件下,挖填方量可以平衡,但在相同水位下所需的过水断面较大。窄深渠道断面水流比较急,易冲刷,但因渠口窄,占地少,渗漏损失和衬砌费用也较小(近似于水力最佳断面)。由于南水北调中线总干渠线路长、水头小、纵坡缓的特点,以及为了施工方便,经过比较,对于大流量输配水的南水北调中线总干渠选用梯形实用经济断面,若为抗冻胀,亦可采用弧形坡脚梯形断面。为通过深挖、高填,或避让、减少重要建筑群拆迁,亦可比较采用矩形过水断面,并增加相应的支挡措施。

采用明渠输水时,应根据地形条件、水头分配,分段合理确定渠道纵比降。南水北调中线工程根据总干渠总体设计所确定的控制点水位、水头优化分配、渠线所经过的地形、地质条件,在满足输水要求的前提下,选取合理的纵比降以降低工程投资并满足工程布置的需要。纵比降设计原则如下:

(1)填方和半填半挖渠段一般采用较缓比降;

(2)石方段和深挖方段一般采用较陡比降;

(3)根据地形起伏情况分段,比降变化不宜过于频繁;

(4)比降不缓于1/30 000,也不应陡于1/20 000。

依据以上原则,并根据水头优化成果,确定渠道纵比分段及各段纵比降,并结合工程的具体情况进行方案比选,最终确定渠道纵横断面的设计要素。

2.1.1 横断面设计

2.1.1.1 梯形渠道断面的计算

(1)梯形渠道水力最佳断面宽深比的计算。此是指断面面积一定而通过流量最大的断面。梯形渠道水力最佳断面的宽深比 β 为

$$\beta = \frac{b_0}{h_0} = 2(\sqrt{1 + m^2} - m) \tag{2-1}$$

式中:b_0 为渠底宽度,m;h_0 为渠道水力最佳断面水深,m;m 为边坡系数。

依边坡系数为 $m = \cot\alpha$ 而变化的 β 值,见表2-1。

表 2-1　β 值

m	0	0.1	0.2	0.25	0.5	0.75	1.00
α	90	84°20′	78°40′	76°	63°36′	53°10′	45°
β	2	1.81	1.64	1.56	1.24	1.00	0.83
m	1.50	1.75	2.00	2.25	2.5	3.0	4.0
α	33°40′	29°40′	26°30′	24°	21°50′	18°30′	14°
β	0.61	0.53	0.47	0.42	0.38	0.32	0.24

(2)梯形渠道水力最佳断面水深计算。水力最佳断面水深 h_0 的计算公式为

$$h_0 = 1.189\left[\frac{nQ}{(m'-m)\sqrt{i}}\right]^{3/8} \tag{2-2}$$

式中:Q 为流量,$\mathrm{m^3/s}$;n 为糙率;m 为边坡系数;$m' = 2\sqrt{1+m^2}$;i 为比降。

水力最佳断面的渠道底宽,可用式(2-2)的水深代入式(2-1)求得。

(3)梯形渠道实用经济断面计算。实际设计时多采用既符合水力最佳断面的要求又能适应各种具体情况需要的实用经济断面。这种断面,其渠道设计流速比水力最佳断面的流速增加 2% 至减少 4%,即过水断面面积较水力最佳断面面积减小 2% 至增加 4%,在此范围内仍可认为基本符合水力最佳条件。但流速在增加 2% 至减少 4% 的范围内,其水深变化范围则为水力最佳断面水深的 68%～160%,其相应的底宽变化范围则为 29%～40%。设计时即可在此范围内选择出实用经济的断面。

当流量 Q、比降 i、糙率 n 及边坡系数 m 为已定时,某一断面与水力最佳断面之间的关系式为

$$\left(\frac{h}{h_0}\right)^2 - 2\alpha^{2.5}\left(\frac{h}{h_0}\right) + \alpha = 0 \tag{2-3}$$

$$\beta = \frac{b}{h} = \frac{\alpha}{\left(\dfrac{h}{h_0}\right)^2}(m'-m) - m \tag{2-4}$$

$$\alpha = \frac{A}{A_0} = \frac{v_0}{v} = \left(\frac{R_0}{R}\right)^{2/3} \tag{2-5}$$

式中:α 为表示实用经济断面对水力最佳断面偏离程度的系数,等于实用经济断面面积与水力最佳断面面积之比,或水力最佳断面流速与实用经济断面流速之比,一般取 1.00～1.04;h_0、A_0、R_0、v_0 分别为最佳水力断面的水深、过水断面面积、水力半径、流速;h、A、R、v 分别为实用经济断面的水深、过水断面面积、水力半径、流速。

2.1.1.2　边坡系数的拟定

膨胀土(岩)渠坡坡比的拟定多以工程地质类比法为主,坡比的最终确定,应以渠坡稳定分析结果,综合考虑其他因素确定。

边坡稳定分析常用的有圆弧条分法、安全系数 K 值,一般根据工程等级及地质条件采用,当考虑地震荷载时,安全系数应满足相关规范要求。

坡形一般有三种:直线形(一坡到顶,只应用于低边坡)、折线形(上缓下陡)及梯形

(小平台和大平台)。高边坡常用阶梯形。单级阶梯的高度与年降雨量成反比关系,一般采用5~12 m。小平台宽1~3 m,大平台宽5~12 m。

渠道挖深超过渠岸高度时,渠岸以上土体经常处于干燥状态,土体抗滑强度高,因此边坡可以放陡。边坡的坡比可参考地形、地貌、水文地质和工程地质条件相似的已成渠道稳定边坡的总坡比来初拟。一般半挖半填及填方渠堤的渠道外边坡,可做成与渠道内边坡一致或略缓一些。

根据以上基本原则,南水北调中线工程渠道边坡计算取值原则如下:

(1)应根据渠道地质分段、土(岩)的物理力学指标及地下水埋藏情况等资料,将渠道分为若干个设计小段,分别拟定边坡系数,并进行稳定计算与分析。

(2)挖方渠段过水断面(第一级马道以下)边坡系数 m_1 可根据地质特性初拟,对土质渠段一般采用2.0~3.5;当计算值小于2.0时仍采用2.0;当计算值大于3.5时仍采用3.5,考虑采用适当的工程措施提高边坡稳定性使之达到规范要求。一级马道以上边坡可略陡于 m_1。对岩石渠段取0.5~0.8,但部分软岩渠段应视其物理力学指标,按土质渠段边坡设计。

(3)填方渠段(利用弱膨胀改性土填筑渠段)迎水面边坡系数 m_1 应根据填土高度、填土特性和填筑要求等,由边坡稳定计算分析确定,一般不缓于2.5。外边坡系数可略陡于 m_1。

(4)半填半挖渠段边坡系数的拟定参考第(2)和第(3)条。

(5)土质边坡系数按0.25进一档,石质边坡采用0.1进一档。渠坡变化不宜过于频繁。

(6)一般情况一级马道平台宽5 m,一级马道以上每隔6 m设一级平台,平台宽度2 m,可根据边坡稳定计算结果进行调整。

南水北调中线工程膨胀土(岩)渠坡坡比设计建议值见表2-2。

表2-2　膨胀土(岩)渠坡坡比设计建议值

膨胀性	边坡高度(m)	建议坡比
强	<5	1:2.0
	5~10	1:2.25~1:2.5
	10~20	1:2.5~1:2.75
	>20	1:2.5~1:3.5
中	<5	1:2.0
	5~10	1:2.0~1:2.25
	10~20	1:2.25~1:2.5
	>20	1:2.5~1:3.0
弱	<5	1:1.5~1:2.0
	5~10	1:2.0
	10~20	1:2.0~1:2.25
	>20	1:2.25~1:2.5

2.1.1.3 边坡稳定的力学计算

1. 计算工况及安全系数

南水北调中线工程渠道根据运用条件的不同,渠道边坡计算工况如下。

1)计算工况

设计工况 I:渠道内设计水深,地下水稳定渗流,计算内坡;渠道内设计水深,堤外无水,计算外坡。

设计工况 II:渠内设计水位骤降,计算内坡。

校核工况 I:

I_1:施工期,渠内无水,地下水稳定渗流,计算内坡;

I_2:填筑高度大于8 m的填方渠道,渠内加大水深,堤外无水,计算渠堤外坡。

校核工况 II:

II_1:设计工况 I+地震,计算内坡;

II_2:填筑高度>8 m的填方渠道,渠内设计水深+地震,堤外无水,计算外坡。

2)边坡稳定安全系数

根据南水北调中线工程的规模和《水利水电工程等级划分及洪水标准》(SL 252),按照长江水利委员会设计院《南水北调中线一期工程总干渠明渠土建工程初步设计技术规定》,并参照《碾压式土石坝设计规范》(SL 274)的规定,对于1级建筑物,采用毕肖普法不同工况下边坡抗滑稳定的安全系数 K 值见表2-3。

表2-3 边坡稳定计算工况、荷载及安全系数

工况		荷载					安全系数		备注
		土重	水重	孔隙压力	路面荷载	地震荷载	简化毕肖普法	瑞典圆弧法	
正常情况	I	√	√	√	√		1.5	1.3	挖方渠段:设计水深,地下水稳定渗流;填方渠段:设计水深,堤外无水
	II	√	√	√	√				设计水位骤降0.3 m
非常情况	I	√	√	√	√		1.3	1.2	挖方渠段:渠内无水,地下水稳定渗流;填方渠段:渠内加大水深,堤外无水
	II	√	√	√		√	1.2		正常情况下增加地震荷载

抗滑稳定计算一般宜采用计及条块间作用力的简化 Bishop 法;对于有软弱夹层的渠坡,应验算沿软弱夹层的抗滑稳定安全系数;对于有冻融交界面的渠坡应验算冻融交界面的抗滑稳定安全系数。地震工况下可采用拟静力法。重要的深挖、高填渠段还可用有限元法进行应力应变分析。

2. 边坡稳定计算方法

1)浸润线计算

浸润线计算采用有限元数值分析方法计算,基本模型为

$$\frac{\partial}{\partial x}\left(K_x \frac{\partial H}{\partial x}\right) + \frac{\partial}{\partial y}\left(K_y \frac{\partial H}{\partial y}\right) = 0$$

式中:H 为渗流场的水头函数;K_x 和 K_y 分别为 x 方向和 y 方向土的渗透系数。

2)边坡稳定计算

渠道沿线地层包含多层土质,土质类型比较复杂,采用简化 Bishop 法推导其计算公式。将滑动坡体划分为若干条块,取其中一块分析,其受力示意图如图2-1所示。

简化 Bishop 法假定作用力的方向为水平向,即假定只有水平推力作用,而不考虑条间的竖向力。条块所受荷载有竖向荷载 W_i、水平荷载 Q_i 及正交于滑面的孔隙压力 U_i、水平条件作用力差 ΔE_i、滑面底部摩擦力 S_i 及支撑力 N_i。设条块底部长度为 l_i,条

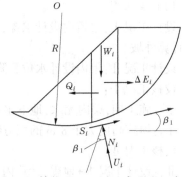

图 2-1　简化 Bishop 法土条受力示意图

块底部与土基之间的黏聚力为 c_i,条块底部与土基之间的摩擦系数为 f_i,根据剪切面上的极限平衡有

$$S_i = \frac{c_i l_i}{k} + \frac{N_i f_i}{k} \tag{2-6}$$

由 x 轴方向的平衡条件可写出

$$S = -\Delta E_i \cos\beta_i + Q_i \cos\beta_i + W_i \sin\beta_i \tag{2-7}$$

则有

$$\Delta E_i = \frac{-\sec\beta_i}{k}(c_i l_i + N_i f_i) + Q_i + W_i \tan\beta_i \tag{2-8}$$

将滑体上所有条分的 ΔE 叠加,应有 $\sum \Delta E_i = 0$,即得

$$\frac{1}{k}\sum \sec\beta_i(c_i l_i + N_i f_i) - Q_i - W_i \tan\beta_i = 0 \tag{2-9}$$

故可得

$$k = \frac{\sum \sec\beta_i c_i l_i + \sum \sec\beta_i N_i f_i}{\sum Q_i + \sum W_i \tan\beta_i} \tag{2-10}$$

再由分条上各力的竖向平衡条件

$$N_i \cos\beta_i + U_i \cos\beta_i + \frac{c_i l_i}{k}\sin\beta_i + \frac{N_i f_i}{k}\sin\beta_i = W_i \tag{2-11}$$

解得

$$N_i = \frac{W_i - U_i \cos\beta_i - \dfrac{c_i l_i}{k}\sin\beta_i}{\cos\beta_i + \dfrac{f_i}{k}\sin\beta_i} \tag{2-12}$$

代入式(2-10)整理后得

$$k = \frac{\sum \left[c_i l_i \cos\beta_i + (W_i - U_i \cos\beta_i)f_i \right] \dfrac{\sec^2\beta_i}{1 + \dfrac{f_i}{k}\tan\beta_i}}{\sum Q_i + \sum W_i \tan\beta_i} \tag{2-13}$$

经过若干次迭代后可求出 k 值。

以上是简化 Bishop 法的分析过程,其他方法的分析原理基本与之类似。Bishop 法只考虑了力的平衡,而忽略了力矩的平衡条件,而且只适用于圆弧滑裂面。

极限平衡理论经 Janbu、Morgenstern、Price、Spencer 等的研究发展,求解方程已不再只局限于力或者是力矩的平衡,他们建立了能同时满足力和力矩的平衡来求解安全系数的方程,而且滑裂面可以是任意形状。争论的焦点集中在条间力作用的位置及方向上。根据滑动面的形式选择合适的分析方法。通常,对于圆弧滑动采用 Bishop、Fellenius 等方法,对于非圆弧滑动采用 Janbu、Morgenstern-Price 等方法。

2.1.1.4　渠道超高及渠岸高程

(1)渠道超高为满足渠道安全输水而需要的渠岸高程与加大水位的差值。渠道超高按下式计算:

$$\Delta h = \frac{h}{4} + 0.2 \tag{2-14}$$

式中:Δh 为渠道超高,m;h 为渠道加大水深;m。

当计算所得的 Δh 大于 1.5 m 时,取 $\Delta h = 1.5$ m。

(2)对于全挖方渠段,渠岸为第一级马道。其高程按下式计算:

$$Z_岸 = Z_加 + \Delta h \tag{2-15}$$

式中:$Z_岸$ 为渠岸顶高程,m;$Z_加$ 为渠道加大水位,m。

(3)对于填方或半填半挖渠段,当渠堤要抗御渠外洪水时,渠岸(堤顶)高程除按式(2-15)计算外,还要满足总干渠防御渠堤外侧洪水的要求。

$$Z_岸 = H_设 + 1.0 \tag{2-16}$$

$$Z_岸 = H_校 + 0.5 \tag{2-17}$$

式中:$H_设$ 为渠堤外设计洪水位,即 50 年一遇洪水位,m;$H_校$ 为渠堤外校核洪水位,即 100 年一遇洪水位,m。

渠岸(堤顶)高程取式(2-15)~式(2-17)计算的最大值。

(4)渠外洪水位应根据河渠交叉建筑物及左岸排水建筑物处的调洪演算结果确定,必要时需考虑多条河流串流时的调洪洪水位。

(5)明渠与交叉建筑物连接处或相邻渠段堤顶(或一级马道)因超高不同而存在高差时,可按堤顶公路要求的纵坡平顺连接。

2.1.2　横断面布置

渠道横断面在不同的地形条件下,分别采用全挖、全填、半挖半填三种不同形式,以多挖少填为主。断面类型分为全挖方断面、全填方断面和半挖半填断面,现分述如下。

2.1.2.1 全挖方断面

对于全挖方断面,一级马道以下采用单一边坡,左右岸相同,具体取值由边坡稳定计算结果确定。一级马道高程为渠道加大水位加 1.5 m 安全超高,左右岸相同。其余部位的布置根据具体情况分述如下:

土质渠段一级马道以上每增高 6 m 设二级、三级等各级马道,一级马道一般宽 5 m,兼作运行维护道路,以上各级马道一般宽 2 m,部分渠段经边坡稳定计算后需进行减载处理,将马道的宽度适当放宽。一级马道以上各边坡一般为上一级边坡按 0.25 进阶递减,部分渠段也可根据边坡稳定计算的具体情况而定。

石质渠段一级马道以上每增高 8 m 设二级、三级等各级马道,一级马道宽 5 m,兼作运行维护道路,以上各级马道宽度一般为 2 m,左右岸相同。

对全挖方断面,渠道两岸沿挖方开口线向外设防护林带。为了防止渠外坡水流入渠内,左右岸开口线外均需设防护堤,防护堤在开口线外 1 m 布置,并与防护林带相结合确定防护林带宽,左岸防护林带外设截流沟,右岸不设。全挖方断面典型布置示意图见图 2-2 和图 2-3。

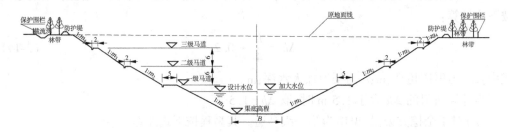

图 2-2　土质渠道全挖方典型断面示意图　(单位:m)

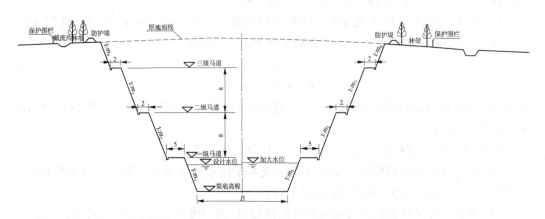

图 2-3　石质渠道全挖方典型断面示意图　(单位:m)

2.1.2.2 全填方断面

对于全填方渠段,堤顶兼作运行维护道路,顶宽 5 m,堤顶高程为渠道加大水位加上相应的安全超高,并满足堤外设计洪水位加上相应超高及堤外校核洪水位加上相应超高(总干渠渠道的防洪标准按相邻的河渠交叉建筑物或左岸排水建筑物的防洪标准设防),

取三者计算结果的最大值,左右岸堤顶高程分别按此要求布置,其高程可不相同。全填方渠段过水断面均为单一边坡,左右岸相同。

堤外坡自堤顶向下每降低 6 m 设一级马道,马道宽取 2 m。对于填高较低的低填方渠段,填土外坡一级边坡一般为 1:1.5。高填方渠段外坡取值均由边坡稳定计算结果确定,可适当放缓,坡脚设置干砌石防护。左岸沿填方外坡脚线向外设防护林带,林带外缘设截流沟,右岸一律设置 8 m 宽防护林带,不设截流沟。其典型布置示意图见图 2-4。

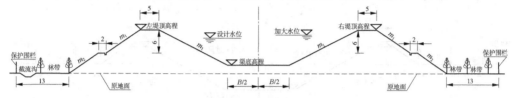

图 2-4　全填方断面示意图 （单位:m）

(1)全填方渠段过水断面均为单一边坡,左右岸相同,边坡值为 1:2。

(2)堤顶(兼作运行维修道路)宽度一般为 5 m,堤顶高程为渠道加大水位加上相应的安全超高 1.0 m(含路缘石高 0.15 m),并满足堤外设计洪水位加上相应超高及堤外校核洪水位加上相应超高,取三者计算结果的最大值,左右岸堤顶高程可不相同。

(3)堤外坡自堤顶向下一般每降低 6 m 设一级马道,马道宽取 2 m。

2.1.2.3　半挖半填断面

半挖半填渠道过水断面也采用单一边坡,填方段外坡布置、堤顶宽度及其高程的确定与全填方断面相同。对于存在堤外洪水的局部渠段,根据堤外洪水位确定的防护堤高程,与渠道堤顶高程相比较来确定防护堤的布置形式。由外水位控制的半挖半填渠段防护堤应与总干渠渠堤结合布置,分以下两种情况布置:

(1)防护堤高程与内水要求的渠堤高程之差小于或等于 1 m 时,直接在渠堤上加筑防护堤,堤顶宽 5 m,见图 2-5。

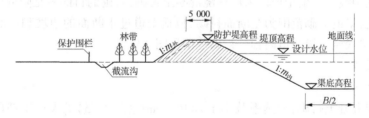

图 2-5　半挖半填渠段截流沟、防护堤及防护林带布置示意图 （单位:mm）

(2)防护堤高程与内水要求的渠堤高程之差大于 1 m 时,在渠堤外侧加筑防护堤,堤顶宽 3 m,见图 2-6。

渠道半挖半填典型布置示意图见图 2-7。

2.1.3　横断面结构形式

南水北调中线工程总干渠渠道过水断面防护结构层自上而下依次为混凝土衬砌、复合土工膜防渗、聚苯乙烯保温板(根据具体情况确定是否设置)、粗砂垫层,具体见图 2-8。

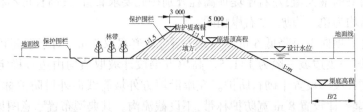

图 2-6　半挖半填渠段截流沟、防护堤及防护林带布置示意图　（单位：mm）

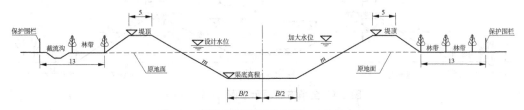

图 2-7　半挖半填断面示意图　（单位：m）

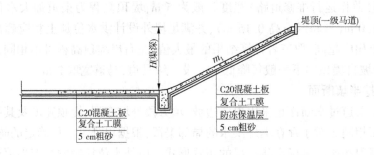

图 2-8　渠道衬砌结构示意图

2.1.3.1　渠道衬砌

1. 衬砌范围

南水北调中线总干渠全渠段采用现浇混凝土衬砌,衬砌的目的一是降低渠道糙率,二是防渗。因此,渠道衬砌范围为全断面衬砌,包括渠道过水断面的边坡和渠底,填方渠道至堤顶,挖方渠底至一级马道高程。衬砌范围见图 2-9。

2. 衬砌材料

1）土质渠段

主要采用混凝土衬砌,渗透系数小于 $i \times 10^{-5}$ cm/s($i = 1 \sim 5$) 的渠段不铺设土工膜,其余的渠段采用铺设复合土工膜防渗。对于膨胀土、中等—强渗漏（标准渗透系数 $K \geq 10^{-4}$ cm/s）、高填方和穿煤矿区等特殊渠段,需设置土工膜加强防渗。

2）石质渠段

采用水泥砂浆抹面。

3. 衬砌形式

混凝土衬砌有现场浇筑、预制两种形式。现场浇筑具有衬砌接缝少、整体性好、糙率小、施工管理方便、节省人力、造价略低等优点;预制混凝土板衬砌的优点是能提前预制,施工进度快、能适应一定的变形等,不足之处是接缝多、造价相对于现浇稍高。南水北调

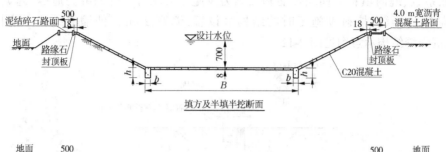

图2-9 渠道衬砌布置示意图 （单位：cm）

中线工程渠道均采用现浇混凝土衬砌。

4. 衬砌设计

1）衬砌混凝土板厚及材料等级设计

混凝土衬砌板的厚度及尺寸，与地基、气温、施工条件等有关，根据规范及计算结果选用。根据《渠道防渗工程技术规范》（SL 18），现浇纯混凝土板的厚度，当渠道内流速小于3 m/s时，大型梯形渠道混凝土等厚板的最小厚度在温和地区为8 cm，寒冷地区为10 cm。因此，确定南水北调中线渠段除石渠段及土石混合渠段渠坡、渠底均采用20 cm现浇混凝土衬砌外，其余渠段渠坡采用10 cm的现浇混凝土等厚板，渠底为8 cm现浇混凝土等厚板。渠道衬砌混凝土均采用强度等级C20，抗渗等级为W6，抗冻等级为F150。衬砌顶部设封顶板，为增加混凝土衬砌的抗滑稳定性，在渠道衬砌坡脚设置齿墙，齿墙尺寸根据地质情况、渠坡排水等进行稳定计算后取值，现浇混凝土衬砌结构形式见图2-10。

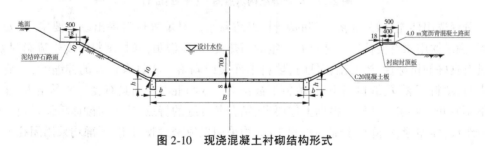

图2-10 现浇混凝土衬砌结构形式

2）衬砌分缝

参照《渠道防渗工程技术规范》（SL 18），现浇混凝土纵、横缝间距为3~5 m，缝宽2~3 cm。考虑不均匀沉陷、地下水、冻胀等因素，渠道混凝土衬砌板一般分缝间距按4 m控制，伸缩缝与沉降缝间隔布置，即伸缩缝、沉降缝间距均按8.0 m控制。分缝均采用结构简单、施工方便的矩形缝。缝宽取决于缝距、温度变幅、施工时混凝土的干缩系数、混凝土的线膨胀系数、缝内填料的伸缩性能和黏结力及施工要求等。伸缩缝为通缝,缝宽取 2 cm。沉降缝为半缝,按衬砌施工时的结构缝设置,缝宽 2 cm。伸缩缝结构示意图见图 2-11,沉降缝结构示意图见图 2-12。

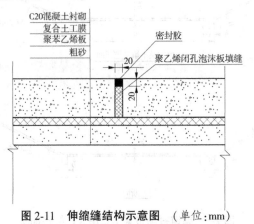

图 2-11　伸缩缝结构示意图　(单位:mm)

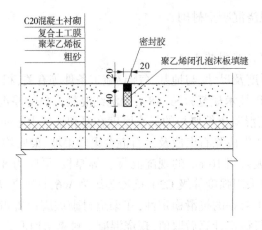

图 2-12　沉降缝结构示意图　(单位:mm)

分缝选用性能良好、经济合理的填料,以防漏水。对填缝材料提出以下要求:①安全无毒、满足饮用水有关标准。②具有一定的耐热性,当气温最高时,填料不发生流淌现象。③具有良好的抗冻性,当气温较低时,填料不冻裂或剥落。④具有良好的伸缩性,在缝口张大时,填料不裂缝,缝口缩小时,填料不被挤出。⑤与混凝土面具有良好的黏结力,在负温下不脱开。⑥耐久性好。根据上述要求,结合各种缝的特点,选定衬砌体填缝材料由两部分组成:伸缩缝、沉降缝上部临水侧 2 cm 均采用聚硫密封胶封闭,下部均采用闭孔泡沫板充填。

3)混凝土板平面结构尺寸

现浇混凝土板根据其分缝情况确定平面尺寸,单块板顺渠向长 4 m、宽为 3~5 m。

4)封顶板

根据《渠道防渗工程技术规范》(SL 18),为避免雨水从渠道顶部沿衬砌底部下渗、冲刷,致使渠坡被淘空,破坏渠堤衬砌体,需在边坡衬砌顶部设置水平封顶板,板厚 10 cm,

封顶板宽 30 cm,路缘石宽 12 cm。封顶板与边坡衬砌现浇为一体,但与路缘石分离。封顶板结构示意图见图 2-13。

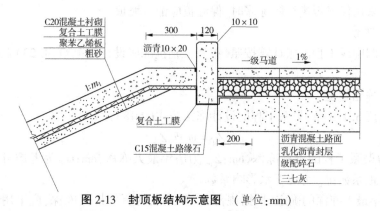

图 2-13　封顶板结构示意图　（单位:mm)

5) 坡脚齿墙

渠道衬砌在坡脚均设置齿墙,齿墙尺寸为满足衬砌稳定要求,在不同的地质段、不同的边坡情况下,采用不同的设计尺寸,根据对各段渠道的衬砌稳定计算,齿墙宽度一般为 30~50 cm,高度一般为 30~80 cm。

2.1.3.2　土工膜防渗设计

总干渠沿线工程地质、水文地质条件复杂,沿线土的岩性差异很大,为防止渠水渗漏,保护渠坡及工程的安全运行,需要采取有效的防渗措施。

1.防渗材料

根据《土工合成材料应用技术规范》(GB 50290)的规定和衬砌混凝土板抗滑稳定要求,选用强度高、均匀性好的长纤复合土工膜作为防渗材料。一般渠段采用规格为 600 g/m² 的两布一膜,其中膜厚 0.3 mm。

2.防渗渠段

对于土层渗透系数不小于 $i×10^{-5}$ cm/s($i=1~5$)的土质渠段、全填方和穿越煤矿区等特殊渠段,设置了复合土工膜加强防渗。其余土质渠段根据渠底、渠坡基础土层的渗透系数分别判断是否铺设土工膜,渗透系数小于 $i×10^{-5}$ cm/s($i=1~5$)的渠段不再铺设土工膜,其余的铺设土工膜。

3.防渗设计

防渗材料均铺在混凝土衬砌板下,保温层之上。在土工膜防渗渠段,土工膜要求平面搭接,搭接宽度不小于 10 cm,其搭接处采用 RS 胶粘接,粘接方向由下游向上游顺序铺设,上游边压下游边。防渗横断面见图 2-8。

2.1.3.3　防冻胀设计

总干渠沿途段属季节性冻土发生区,标准冻深值、冻胀量均较大,分属Ⅱ~Ⅲ类冻胀区,需要进行抗冻胀设计。总干渠为Ⅰ等工程,常年输水,防冻胀设计既要保证工程安全,又要尽量减少工程造价,达到技术可行、经济合理、安全可靠。

对季节性标准冻深大于 10 cm 的渠段应计算渠道设计冻深和设计冻胀量,判定是否需要采取防冻胀措施。

衬砌结构冻胀位移大于 0.5 cm 时,应采取防冻胀措施。

明渠渠道防冻胀宜采用保温措施,保温材料采用聚乙烯泡沫塑料板。

当渠坡采用保温板进行防冻胀时,保温板应铺至坡顶。

1. 计算理论

南水北调中线工程冻胀计算按照《渠系工程抗冻胀设计规范》(SL 23)及有关规程规范进行计算。

1)设计冻结深度

根据规范 3.1.3 条,渠系工程的设计冻深按式(2-18)计算。

$$Z_d = \psi_d \psi_w Z_m \qquad (2\text{-}18)$$

式中:Z_d 为渠系工程的设计冻深,cm;Z_m 为历年最大冻深,cm;ψ_d 为考虑日照及遮阴程度的冻深修正系数;ψ_w 为地下水影响系数。

(1)历年最大冻深的确定:根据规范,工程地点的历年最大冻深,应采用渠系工程所在地或气温条件相近的邻近气象台(站)的多年最大冻深值,且统计资料系列不宜短于 20 年。

(2)考虑日照及遮阴程度的冻深修正系数的确定:根据规范 3.1.4 条,日照及遮阴程度对冻结深度有着显著的影响,考虑日照及遮阴程度的冻深修正系数 ψ_d,可根据渠道的所在纬度及走向,按式(2-19)计算:

$$\psi_d = \alpha + (1 - \alpha)\psi_i \qquad (2\text{-}19)$$

式中:ψ_i 为典型断面(渠道走向 N–S,底宽与深度之比 $B/H = 1.0$,坡比 $m = 1.0$)某部位的日照及遮阴程度修正系数;其值由《渠系工程抗冻胀设计规范》(SL 23)查得;α 为系数,可根据工程所在的气候区、计算断面的轴线走向、断面形状及计算点位置查得,若渠坡较高或建筑物上部有遮阴作用,应考虑额外的遮阴影响。其值由《渠系工程抗冻胀设计规范》(SL 23)查得。

(3)地下水影响系数的确定:地下水影响系数 ψ_w 根据设计规范 3.1.5 条,按式(2-20)计算。

$$\psi_w = \frac{1 + \beta e^{-Z_{wo}}}{1 + \beta e^{-Z_{wi}}} \qquad (2\text{-}20)$$

式中:Z_{wi} 为计算点的冻前地下水位深度,m,可取计算点地面(开挖面)至当地冻结前地下水位的距离;完建期取计算点到地下水实际距离,运行期取最低运行水位以上 0.5 m 处作为计算点,所以取 $Z_{wi} = 0$;Z_{wo} 为邻近气象台(站)的冻前地下水位埋深,m,当黏土、粉土 $Z_{wo} > 3.0$ m、细粒土质砂 $Z_{wo} > 2.5$ m、含细粒土砂 $Z_{wo} > 2.0$ m 时,可取黏土、粉土 $Z_{wo} = 3.0$ m,细粒土质砂 $Z_{wo} = 2.5$,含细粒土砂 $Z_{wo} = 2.0$ m;计算选取 $Z_{wo} = 2.0$ m;β 为系数,根据规范,按表 2-4 取值。

表 2-4 β 值

土类	黏土、粉土	细粒土质砂	含细粒土砂
β	0.79	0.63	0.42

2) 冻胀量计算

根据规范 3.2.2 条规定,对于没有现场试验观测条件的,天然状态的冻胀量 h 可根据土质和冻结前地下水位埋深 Z_w 的情况查图而得,见图 2-14、图 2-15。

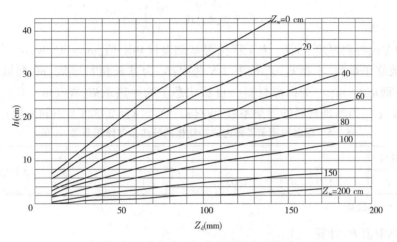

图 2-14　黏土冻深与冻胀量的关系曲线

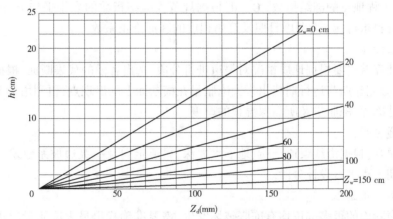

图 2-15　细粒土质砂、含细粒土砂冻深和冻胀量关系曲线

基础结构下冻土层产生的冻胀量 h_f 可按式(2-21)计算

$$h_f = h Z_f / Z_d \tag{2-21}$$

式中:h 为工程地点天然冻土层产生的冻胀量,cm;h_f 为基础结构下冻土层产生的冻胀量,cm;Z_d 为工程地点的天然设计冻深,m;Z_f 为基础下的设计冻深,m。

根据规范,当基础板厚度小于 0.5 m 时,Z_f 按以下公式计算:

$$Z_f = Z_d - 0.35\delta_c - 1.6\delta_w \tag{2-22}$$

式中:δ_c 为基础板厚度,渠坡一般为 0.1 m,渠底一般为 0.08 m;δ_w 为底板以上冰层厚度,取值 0。

衬砌结构的冻胀位移值可按渠道地基土的冻胀量确定,设计冻胀量取断面的最大冻胀量。当渠道的设计冻胀量小于 1 cm 时,可不采取抗冻胀措施。

3)保温板厚度计算

保温板厚度根据规范附录 A 聚苯乙烯泡沫塑料板及其他材料保温厚度的计算中 A.0.2 条,保温材料的厚度按式(2-23)计算。

$$\delta_x = \alpha_w \lambda_x \left(R_0 - \frac{\delta_c}{\lambda_c} \right) \tag{2-23}$$

式中:δ_x 为保温材料厚度,m;R_0 为工程保温基础设计热阻值,$m^2 \cdot ℃/W$;α_w 为保温材料的导热系数修正系数,根据规范,按表 2-5 选取;δ_c 为基础材料厚度,m,渠坡一般取 10 cm,渠底一般取 8 cm;λ_x 为保温材料在自然状态下的导热系数,$W/(m \cdot ℃)$,$\lambda_x = 0.030$ $W/(m \cdot ℃)$;λ_c 为基础材料的导热系数,$W/(m \cdot ℃)$,$\lambda_c = 2.325$ $W/(m \cdot ℃)$。

表 2-5　保温用聚苯乙烯泡沫塑料板的导热系数修正系数 α_w 值

体积吸水率(%)	0	1	2	3	4
α_w	1.0	1.05	1.1	1.2	1.4

注:本表允许内插取值。

设计热阻值 R_0 计算公式:

$$R_0 = 0.06 I_0^{0.5} \psi_d \tag{2-24}$$

式中:I_0 为工程地点的冻结指数,$℃ \cdot d$,根据规范为冻结指数的多年平均值,由沿线地市多年气温资料求得;ψ_d 为考虑日照及遮阴程度的冻深修正系数。

2.防冻计算

防冻计算首先要根据地质情况对渠道进行分段,选出各段的代表断面,根据地下水的埋藏情况,分完建期与运行期找出最大冻胀量在横断面上的出现点,再利用有关公式逐点算出其设计冻深、冻胀量及所需保温板的厚度。

1)渠道分段

分段原则:根据沿线渠道土质、地下水埋深、渠道走向及一级边坡系数差异对南水北调中线一期工程进行设计分段。

2)计算点的选取

渠道横断面的很多部位均有冻胀破坏发生,需要准确找出最大冻胀量出现的位置作为计算点。参照《渠系工程抗冻胀设计规范》(SL 23),对计算点选取原则:均质土渠床,冻结期渠内无冰(水)时,最大值出现在渠底或阴坡下部;封冰初期有傍渗水补给渠床时,最大值出现在溢出点上下;封冻期渠内行水或积冰(水)时,最大值出现在冰(水)面以上 30~50 cm 范围内的阴坡上。

参照上面的原则,选取典型断面计算点。完建期地下水位低于渠底时,选取坡脚作为最大冻胀量的计算点;地下水位高于渠底时,选取溢出点以上 0.5 m 处作为计算点。运行期则直接把最低蓄水保温水位以上 0.5 m 处作为计算点。

3.抗冻胀结构及工程措施

(1)对于设计冻胀量较小(一般最大设计冻胀量不大于允许冻胀量的 2 倍,允许冻胀量取 5 mm)的渠道,可采用肋梁板、楔形板、中部加厚板或 Ⅱ 形板等结构形式,或压实冻深范围内的渠基土壤(压实系数不应小于 0.95)。

（2）对于设计冻胀量较大的渠道（最大设计冻胀量大于允许冻胀量的 2 倍，允许冻胀量取 5 mm），可分别采取换填措施和渠基保温措施；对地下水位较高的渠道，宜采用换填措施；对地下水位较低的渠道，宜采用渠基保温措施。

1）换填措施（垫层）

置换材料采用非冻胀性土、砂、砾石、碎石等，或上述材料的混合料。换填料中粒径小于 0.1 mm 的颗粒含量，当地下水位在垫层底以下的高差大于 0.5 m 时，不大于 10%；高差小于 0.5 m 时，不得大于 5%。

换填层应根据渠道断面的不同部位，采用不同的换填厚度，一般取设计冻深的 50% ~ 80%，且换填厚度不应小于 10 cm。砂料干容重不应小于 1.8 g/cm³，砾石干容重不应小于 2.0 g/cm³。

2）渠基保温措施

渠基保温措施，可在衬砌下铺设硬质泡沫塑料保温层，其厚度应通过热工计算确定。

南水北调中线一期工程总干渠采取全断面铺设保温板进行抗冻。

2.1.3.4　衬砌垫层设计

渠基与衬砌结构之间铺设 5 cm 厚粗砂垫层，一是可以作为找平层使上部衬砌结构可以平整铺设，二是可以作为导水层排出渠基地下水。

2.2　渠基防渗排水设计

（1）渠道混凝土衬砌与渗控措施。

南水北调中线工程总干渠渠道工程为减少输水损失和保护渠坡表层地基土，在填方渠段、地基中含有强透水地层的低地下水位渠段、煤矿采空区渠段、特殊土（包括膨胀土、湿陷性黄土）等部位均采取了土工膜防渗措施；为减少渠道输水表面的糙率，在渠道过水断面均采取了混凝土衬砌减糙措施。

在渠道运行期间，由于运行调度、风浪等各方面原因，将不可避免导致渠道水位在一定范围内变化和波动，为确保渠道防渗土工膜及其上方混凝土衬砌板结构的抗浮稳定，在防渗土工膜下方设置了排水减压等渗控设施。

渠道渗控措施一般包括渠道防渗土工膜、土工膜下设置的排水垫层或排水板、排水垫层或排水板的汇水通道（透水软管等）、透水软管的排水出口（逆止阀及连通管等）。

（2）膨胀土保护层的排水减压措施。

对于膨胀土渠段，渠道开挖将切穿不同埋置深度、不同厚度、不同透水特性的地层。其中，不乏渗透系数大于 10⁻⁵ cm/s 的砂砾石地层、礓石含量高的富水地层、大气强烈影响地层、局部土质松软的含水地层，且部分强透水地层位于地下水位以下。当渠道开挖揭露的渠坡地层以膨胀土为主时，需要对其坡面采取保护措施。

为了施工方便和强透水地层的渗透稳定需要，通常保护体沿被开挖揭露的强透水地层连续敷设。由于保护体的透水性一般小于膨胀土地层中夹杂的强透水地层的透水性，且这些强透水地层多为富存水区域，由于其透水性大于保护体的透水性，且部分地层位于地下水位以下；在运行期间易在与保护体结合部位及附近区域形成局部高扬压力区或渗流出逸区,不利于保护体的稳定及其正常工作。为确保护体的稳定和正常发挥作用,需要有针对性地采取相应的渗控措施,及时导出渗水、降低保护层底部的扬压力,使其免遭渗透破坏、保证保护体正常工作。

膨胀土保护层的渗控措施一般包括:渠道一级马道以上渠坡坡面保护体下方的膨胀土地层中强透水夹层的排水通道;渠道一级马道以下渠坡坡面保护体下方的膨胀土地层中强透水夹层汇水暗沟和排水通道;渠道底板以下埋深较浅的或渠底保护体下方强透水地层的排水减压井;排水通道及排水减压井排水出口装置——逆止阀。

本章只对渠道混凝土衬砌与渗控措施进行设计,对于膨胀土保护层的排水减压措施设计详见第5章。

2.2.1　综合渗控措施设置的基本原则

结合南水北调中线膨胀土渠段工程的特点,渠道渗控措施设置时应该按如下基本原则进行:

(1)渠道工程的防排水体系设计应紧密结合渠道坡体地层结构和水文地质条件,不同设计阶段应采用最新的地勘成果;在施工图设计阶段还要结合施工期实际揭露的工程地质条件,并充分考虑施工期间渠道局部的水文地质条件变化。

(2)渗控设置应充分考虑膨胀土和表层保护体直接界面的排水特性。

(3)总干渠膨胀土渠段渠道为全断面混凝土衬砌,衬砌板下铺设复合土工膜以防渗,膨胀土渠坡及渠底采用改性土换填,高地下水渠段渠底铺设排水设施。渗控措施设置应满足渠道工程在完建期、正常运行期不同渠道水位下、渠道水位发生升降变化时其衬砌结构、防渗体、换填层满足稳定条件要求。

(4)在渠道施工期间,为保证施工质量、渠道开挖、改性土换填、削坡、排水系统安装、土工膜铺设、衬砌混凝土浇筑均要求干地施工,要求作业面地下水位降低到作业面以下0.5~1.0 m,渠道混凝土衬砌养护期间,要求防渗土工膜与换填层之间的排水垫层内地下水扬压力满足衬砌板抗浮要求,换填层下方砂砾石中强透水层中地下水扬压力满足其砂砾中强透水层上方土体、渗控体系及渠道混凝土衬砌抗浮稳定要求。

(5)在渠道完建期间,渠道内无水,渠道衬砌结构抗浮稳定要求与施工期渠道混凝土衬砌养护期间要求相同。检修期间分如下两个阶段:

①渠道排水期间。渠道水位降落过程中,防渗土工膜下方的排水垫层与换填层下方的中强透水层中的扬压力存在滞后时间段,渗控措施设置需要考虑降水期间滞后时段水头差对渠道衬砌结构及换填层稳定影响。

②检修施工期。渠道检修降水完成后进入检修时段,该时段内渠道地基地下水位控制与渠道完建期间相同。

(6)渠道运行期间,渠道水位存在一定幅度的波动,控制工况为水位下降阶段渠道衬砌结构及换填层稳定要求,与渠道检修排水期要求类似。

2.2.2　南水北调中线工程渠基防渗排水设计

2.2.2.1　一般要求

（1）正常运行条件下有效截断内水外渗渗漏通道，减少水量损失。

（2）正常运行条件下不满足输水要求的外水不允许进入渠道，确保水质安全。

（3）在施工、正常运行及检修期间，能使地下水浸润线满足渠道边坡、建筑物稳定和结构分析工况的要求。

（4）在施工、正常运行及检修期间，能有效控制渠内水位与土工膜下的地下水位差，使其满足衬砌结构抗浮稳定要求。

（5）渗控处理应与膨胀土（岩）渠段地基处理相结合。

（6）对于采用土工膜防渗的填方渠段及半挖半填渠道，在土工膜接头局部失效情况下，渠堤或渠基应能满足渗透稳定要求。

2.2.2.2　渠堤、渠坡及地基渗控布置

（1）全断面铺设土工膜。

（2）对于填方渠道或半挖半填渠道的外坡脚防护，应进行渗流复核。根据复核结果，对渠堤外坡脚及邻近区域地基的浸润区采取反滤排水措施。

①优先选用贴坡排水，若渗流出逸点较高，可在渠堤外坡脚处设置排水棱体或排水褥垫。

②对于渠堤外坡脚设置的贴坡排水，其顶高程应取堤外设计洪水位和堤身内水外渗浸润线出逸高度中的较大者，并超高 50 cm。

③排水棱体及贴坡排水表面宜采用干砌石保护，洪水位以下可采用浆砌石保护，并设排水孔。

④在渠堤外坡脚处设置的排水棱体、排水褥垫、贴坡排水与渠堤填筑土及地基土之间，应满足反滤要求。

（3）当渠道两侧外水位或地下水位存在较大的水位差，渠道地基存在穿堤渗透稳定问题时，设计应采取相应的渗控措施，防止渠道地基发生渗透破坏。

（4）对深挖方渠道两岸渠坡应进行渗流分析，一级马道以上的内坡面渗流出逸时，应对出逸范围的坡面设置反滤排水体，当坡面出逸高度较大时可比较其他坡体排水辅助措施降低坡面出逸高度。

（5）若因挖方渠道坡顶邻近区域的水沟、水库、水塘或雨季积水低洼地等补给源导致相关部位的渠坡存在渗透稳定问题，可结合渠坡稳定设计采取相应的渗控措施，保证渠坡稳定及渗透稳定满足相关规定要求、渠道衬砌及防渗体系满足抗浮要求。

（6）对于地下水位常年高于渠道设计水位渠段，不存在渠水外渗而造成渗漏损失问题，铺设复合土工膜防渗作用不大。具体措施为取消防渗土工膜，衬砌板分缝的填缝材料，取消聚硫密封胶，全部采用聚乙烯泡沫板填缝。

2.2.2.3　渠道防渗设计

总干渠沿线工程地质、水文地质条件复杂，沿线土的岩性差异很大，为防止渠水渗漏，保护渠坡及工程的安全运行，需要采取有效的防渗措施。

1. 防渗材料

根据《土工合成材料应用技术规范》(GB/T 50290)的规定和衬砌混凝土板抗滑稳定要求,选用强度高、均匀性好的长纤复合土工膜作为防渗材料。一般渠段采用规格为 600 g/m² 的两布一膜,其中膜厚 0.3 mm。

2. 防渗渠段

对于膨胀土、渗透系数不小于 $i×10^{-5}$ cm/s($i=1\sim5$)的土质渠段、全填方和穿越煤矿区等特殊渠段,设置了复合土工膜加强防渗。其余土质渠段根据渠底、渠坡基础土层的渗透系数分别判断是否铺设土工膜,渗透系数小于 $i×10^{-5}$ cm/s($i=1\sim5$)的渠段不再铺设土工膜,其余的铺设土工膜。

3. 防渗设计

防渗材料均铺在混凝土衬砌板下、保温层之上。在土工膜防渗渠段,土工膜要求平面搭接,搭接宽度不小于 10 cm,其搭接处采用 RS 胶粘接,粘接方向由下游向上游顺序铺设,上游边压下游边。防渗横断面如图 2-16 所示。

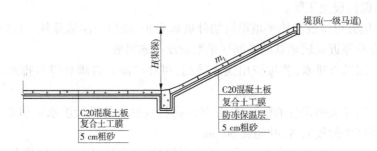

图 2-16　复合土工膜防渗示意图

2.2.2.4　渠道土工膜下排水布置

1. 排水设计的基本理论及计算方法

1)计算条件

(1)选择对工程最不利的水位组合,即渠道无水、地下水位为预测多年最高水位的组合,此时暗管集水量最大。

(2)内排集水暗管在渠道完建期、检修期及运行期均按有压流计算,根据各段集水量的多少而采用不同的管径。

2)暗管集水流量按经验公式计算

根据《水文地质手册》及《地下水利用》(宁夏农学院主编),按水平截潜流工程来计算。根据本渠段的地质条件,按完整式水平截潜流工程来计算集水量,见图 2-17。

$$Q = L \times K \frac{H^2 - h_0^2}{2R} = L \times K \frac{H + h_0}{2} \frac{H - h_0}{R} = L \times K \frac{H + h_0}{2} I \tag{2-25}$$

式中:Q 为单侧集水流量,m³/d;R 为地下水影响半径,m;I 为潜水降落曲线的平均水力坡降;K 为含水层渗透系数,m/d;L 为集水段长度,m;H 为含水层厚度,m;h_0 为集水廊道外侧水层厚度,m,$h_0 = (0.15\sim0.3)H$;h 为任意计算断面上的含水层厚度,m。

考虑到排水措施的重要性,对渠道衬砌的安全至关重要,且地下水的渗流、集水层的

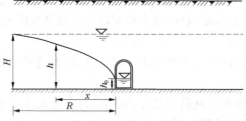

图 2-17　单侧进水完整式集水工程示意图

汇流、衬砌板下的扬压力分布等是个复杂、系统的过程,计算过程复杂、难度较大,因此采用有限元进行复核。

计算原理为:把渠道自排水系统看成是一个管网,纵向集水暗管与横向连通管相互之间连接、渠中水体看成是节点,由这些节点所分割的纵向集水暗管、横向连通管及逆止式排水器为单元。对每一单元建立两端节点水头与管内流量之间的关系,然后由节点连续性方程建立各单元之间的联系,即用有限单元法进行计算。计算稳定渗流及非稳定渗流两种工况下,渠底、渠坡衬砌板上下最大水头差。典型断面横剖面示意图见图 2-18。

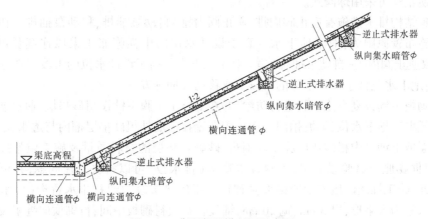

图 2-18　典型断面横剖面示意图

2. 排水布置原则及形式

(1)当渠外水位高于渠道底板高程、低于渠道运行低水位时,可采取以下措施解决渠道施工及检修期的衬砌及防渗体的抗浮稳定问题:

①在渠道两侧设置降水井,在施工及检修期采用移动式抽水泵降水;

②设置穿过渠道防渗系统的连通管,管口设逆止阀平衡内外水压,并防止渠水外渗。

(2)当渠外水位高于渠道运行低水位,且地下水水质满足要求时,可在相应渠段设置穿过渠道防渗系统的连通管,以平衡内外水压,并在连通管出水口设逆止阀,并防止渠水外渗。

(3)当渠外水位高于渠道底板高程,地下水水质不满足要求时,应采取外排方式降低渠道防渗体下的扬压力。对于黏性土渠道,在土工膜下设排水垫层并在马道外设降水井与土工膜下的排水体系连通,采用强排方式降低土工膜下的扬压力,降水井与渠道外水不连通。

(4)采用穿过渠道防渗系统的连通管平衡内外水压时,应根据渠道地基的渗透系数大小,选择防渗土工膜下的排水沟网、排水垫层以及其他排水措施。排水垫层或排水沟网设计原则如下:

①排水垫层或排水沟网应位于渠道土工膜下方、沿渠道纵向分区设置,且不应与地表连通;

②排水垫层厚度及排水沟网断面尺寸,应结合材料透水性和连通管的布置方式,经渗流计算确定,最小厚度应满足施工要求;

③排水垫层应满足自身稳定及渠坡土体反滤要求。

(5)穿过渠道防渗体系的连通管,应沿渠道水深方向分层布置。

①连通管应穿过渠道的土工膜,与设在排水垫层或透水地基内的集水管连通;连通管应沿渠道混凝土衬砌板面法线方向埋设,管外壁面与渠道土工膜之间应进行防渗漏处理。

②连通管孔口尺寸或逆止阀单位时间内排水能力应在进出口水头差 10 cm 条件下,满足该区域内排水垫层渗水量的 2 倍。

③当连通管排水口设置逆止阀时,坡面连通管出口的逆止阀可采用拍门式,渠道底板中部的逆止阀可采用球阀式。

衬砌结构排水措施有逆止阀内排、逆止阀内排+自动泵抽排、移动泵抽排。初设阶段排水措施布置原则为:对于地下水位高于设计水位的中强膨胀土渠段连续长度大于 2 km,采取逆止阀内排+自动泵抽排方案;对于地下水位高于设计水位的渠段采取逆止阀内排方案;地下水位低于设计水位的渠段采取移动泵抽排方案。

衬砌板下铺设复合土工膜进行防渗,并在复合土工膜下铺设粗砂垫层,通过逆止阀或抽排降低渠基地下水位,渠坡拍门式逆止阀布置在齿墙外粗砂垫层槽内与透水软管连接。由于在渠坡上铺设中粗砂垫层施工较困难,砂砾料垫层的材料质量及施工质量控制难以保证,根据膨胀土试验段成果,塑料排水盲沟(排水板)可以解决上述问题,并可节省投资。因此,施工详图阶段南阳段渠坡衬砌板下粗砂垫层改为塑料排水盲沟(排水板),顺渠向排水板为人字形,厚 3 cm、宽 20 cm,铺设在每块衬砌板中间;衬砌横向缝下设置直线型排水板,厚 4 cm、宽 20 cm,齿墙后斜坡段排水板厚为 8 cm。挖方及填筑高度小于 1.5 m 的半挖半填渠段,排水板(直线形及人字形)顶高程为一级马道或渠顶高程以下 1.5 m;填筑高度大于 1.5 m 的半挖半填渠段,只在非填筑的渠坡上铺筑排水板。渠底仍采用粗砂垫层。渠坡拍门式逆止阀设置在齿墙内与 PVC 管连接。

地下水排水方式有两种:一是外排,适用于总干渠附近存在天然沟壑等有自流外排条件的渠段或地下水水质不符合要求而必须外排的渠段;二是内排,对地下水水质良好且不具备自流外排条件的渠段,将地下水排入总干渠。

对于地下水位高于渠底的渠段,除焦作市区段外,渠段均采用暗管集水,逆止式排水器自流内排。

在渠道两侧坡脚处设暗管集水,根据集水量的计算成果,每隔一定间距设一逆止式排水器。当地下水位高于渠道水位时,地下水通过排水暗管汇入逆止式排水器,逆止式阀门开启,地下水排入渠道内,使地下水位降低,减少扬压力,反之阀门关闭。布置见图 2-19。

这种排水措施在国内渠道排水设计中较为常用,但为满足渠道衬砌稳定的要求,内排

图 2-19　逆止阀自流内排示意图

措施需满足两个条件：①控制渠内水位的下降速度以保证地下水有较充裕的排出时间；②出水口畅通。第一个条件由于总干渠全线将采用节制闸控制水位，可以使渠内水位下降速度控制在一定的范围内。对于第二个条件，由于地下水经多次过滤水质清洁，因此出水畅通应能得到保证。

此种分布形式所产的扬压力基本接近于渠道所能承受的最大均布水头。可见，在考虑其他边界条件不变的情况下，为保证渠道衬砌稳定，排水管间距应该布置在 6 m 左右，排水管具体布置如下：

（1）对地下水位高于渠道设计水位的渠段，渠坡、渠底采用三排纵向排水管；

（2）对地下水位低于渠道设计水位高于渠底 3 m 以上的渠段，渠坡、渠底采用两排纵向排水管；

（3）对地下水位高于渠底 3 m 以下的渠段，渠坡、渠底采用一排纵向排水管；

（4）对地下水位低于渠底的渠段，渠坡、渠底采用一排纵向排水管。

3. 垫层的厚度确定

砂砾料垫层的厚度受内坡渗控影响，要作为反滤层，保证内坡渗透稳定；对于整个排水体系来说，粗砂垫层的厚度也直接影响到衬砌板下扬压力的大小；同时考虑施工因素，垫层厚度也不宜太薄。所以，对排水垫层做以下调整：

（1）垫层料为砂砾（石）混合料，粒径 0.2~20 mm；

（2）对地下水位高于设计水位以上的渠段，砂砾料垫层厚 20 cm，渠底、渠坡均铺设；

（3）对地下水位在设计水位和高于渠底 3 m 之间的渠段，渠底铺设厚 20 cm 砂砾料层，渠坡铺设 10 cm 砂砾料层；

（4）对地下水位在高于渠底 3 m 和渠底之间的渠段，渠底铺设厚 10 cm 砂砾料层，渠坡铺设 5 cm 砂砾料层；

（5）对地下水位低于渠底的渠段，铺设 5 cm 砾料层，渠底、渠坡均铺设。

第 3 章　边坡稳定设计分析方法

　　膨胀土(岩)边坡稳定性力学分析,至今还是一个正在研究的课题,目前各种力学分析与计算方法还不够完善,尚无成熟的理论与方法。在进行边坡稳定性分析和力学计算时,应当考虑以下几个重要问题:

　　(1)膨胀土(岩)边坡变形破坏的类型较多,但剥落、冲蚀、泥流以及溜塌,均属于边坡表层变形破坏,一般不涉及边坡的整体稳定性,只需加强相应的边坡防护措施,即可防止此类病害的发生,故一般不作为边坡设计的依据。

　　(2)膨胀土(岩)边坡变形破坏类型中,影响边坡稳定性的主要是滑坡。调查表明,滑坡的破裂面形状,主要受膨胀岩土土体结构面控制,后壁受陡倾角近垂直裂隙影响,呈陡直状。浅层滑坡一般会最大程度地迁就追踪土体中已经存在的缓倾角结构面,当结构面不完全贯通时,如果滑动力足够,会在结构面之间的土体中逐步形成厚 2~5 cm 的剪切带,一旦滑动面形成便会持续而缓慢地向坡下蠕动变形。

　　(3)膨胀土(岩)边坡稳定性大多与土体的各种界面密切相关,如不同性质土层界面、软弱夹层界面等。因此,在边坡稳定性分析中应充分考虑各种界面效应的作用。

　　(4)膨胀土(岩)渠坡开挖过程中,处于超固结状态的膨胀土(岩)因应力释放而产生卸荷变形,表层土体有一个松弛过程,同时土中裂隙也会有所发展和张开,既利于土体失水,也利于雨水下渗,这是膨胀土(岩)强度可能发生衰减的一个重要环节。若开挖坡面得不到及时保护,雨水渗入将导致土体吸水膨胀,在坡内产生较大的膨胀力,加速结构面的贯通,对渠坡的稳定产生不利影响,设计中应予以高度重视。监测数据显示,明显的开挖卸荷影响深度可以达到 5 m 左右。卸荷是不可避免的,卸荷作用对坡体稳定性的影响程度与开挖坡比有一定关系。后期的坡面保护对防止坡体性状的进一步恶化则至关重要的。

　　(5)由膨胀土(岩)滑坡的形成机制可知,潜在滑动面的强度可能出现多种情形。例如,若滑动面完全追踪裂隙面时,可采用裂隙面的 c、φ 值作为确定型滑坡的稳定分析依据;若滑动面没有天然的裂隙面可迁就,可选用土体在天然含水量条件下的直剪 c、φ 值;若滑动面只能部分追踪裂隙面,潜在滑动面的强度就取决于裂隙面所占比例以及裂隙面和土体的强度。若裂隙面所占比例足够、土体中的剪应力足以使裂隙面之间的"土桥"发生逐步剪切破坏,滑动面强度仍主要取决于裂隙面强度。若土体中的剪应力不足以使裂隙面之间的"土桥"发生剪切破坏,潜在滑动面强度为裂隙面和土体强度的综合。曾开挖过一个深 2~3 m、宽 1 m 的探槽,研究滑动面的形态和物理力学性质,发现"土桥"被剪切破坏后呈疏松状,含水量高达 26% 左右,具有明显的剪胀特征,强度类似松散土饱和快剪强度。

　　(6)强膨胀土(岩)边坡的地下水一般属于上层滞水,计算边坡稳定时应按上层滞水的特点进行考虑。

3.1　膨胀土边坡稳定复核存在的问题

3.1.1　已有膨胀土渠坡失稳实例

3.1.1.1　陶岔渠首渠坡失稳

陶岔渠首枢纽上游引渠开挖于 20 世纪 70 年代,工程施工期间,开挖到裂隙发育的 Q_3 黏土层时,在连续的几场降雨以后,在渠坡较缓(1:4~1:5)的情况下仍然形成滑坡,并且滑坡先在裂隙层面附近的小范围开始,随即逐渐向上发展,滑动范围逐渐增大,形成牵引式滑动。在随后的 2 年间,在 4.4 km 范围内陆续出现了 13 处滑坡,通过对这 13 处滑坡的系统研究,认为这些滑坡多发生在中更新统 Q_2、Q_3 不同的地质层面上,而且这些地层裂隙发育,并伴有厚度约 1 mm 的灰白或灰绿色充填物。图 3-1(a)为经过抗滑桩和砌石联拱处理后的渠道边坡。

30 多年以后,在陶岔渠首枢纽下游约 1 km 处,在坡比为 1:3~1:3.5 的情况下,又发生一处大型滑坡。滑坡体呈宽扇状分布,后缘位于总干渠右岸渠肩,前缘由总干渠渠底剪出。滑体东、西两侧均以小陡坎与渠坡相接,坎高 0.2~0.5 m 不等。滑坡体前缘宽约 350 m,后缘宽约 200 m,南北最大长度约 130 m,体积 35 万~40 万 m^3,见图 3-1(b)。

(a)陶岔上游引渠渠坡　　　　　　　　　　(b)陶岔下游滑坡

图 3-1　陶岔渠首滑坡全貌

勘察发现,滑坡后缘段滑床为 Q_3、Q_2 粉质黏土,具弱—中膨胀性,拉裂面倾角较陡,为 45°~70°;滑坡中、后部以 Q_2 粉质黏土为主,具弱—中膨胀性,部分为 Q_1 黏土,具中—强膨胀性;滑坡前、中部滑床为 N 黏土岩,滑面平缓,倾角 0°左右。在滑坡前缘,滑面略微反倾,如图 3-2 所示。

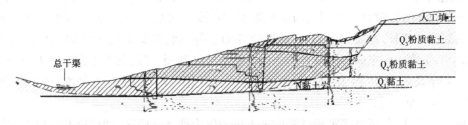

图 3-2　陶岔渠首滑坡剖面示意图

滑坡区坡脚主要由中强膨胀性的 Q_1 黏土组成,厚度 $2\sim5$ m,上部 Q_2、Q_3 粉质黏土垂直裂隙发育,Q_1 黏土相对上部 Q_2 粉质黏土和下部 N 黏土岩为相对软弱层,且 Q_1 黏土上下又有相对透水的铁锰质结核层分布,有利于黏土软化。滑坡底部沿 Q_1/N 界面有发育的软弱带,成为潜在的滑动面。

3.1.1.2　南水北调中线新乡试验段渠道滑坡

为研究膨胀岩渠道滑坡机制和渠坡处理措施,南水北调中线在新乡膨胀岩地区修筑了长 1.5 km 的试验段,通过预埋各种监测仪器,观测试验段在开挖过程和运行工况模拟期间的变形和应力状态,探索渠道变形和破坏机制。新乡膨胀岩试验段位于新乡潞王坟,共布置 8 个试验区,分别为裸坡试验区、中膨胀岩处理措施试验区和弱膨胀岩处理措施试验区,每个试验区长 70 m 左右。新乡试验段平面布置示意图见图 3-3。

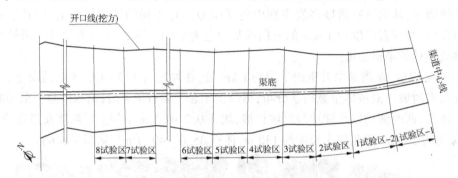

图 3-3　潞王坟膨胀岩试验段平面布置示意图

新乡试验段的非试验区,在开挖期发生了一处较大范围的滑动,滑坡见图 3-4。据地质报告,该滑坡体位于试验段桩号 SY1+179.7~SY1+240.5 渠道左侧二级至四级马道的渠坡上,滑塌体长度 60.8 m,滑坡方量约 900 m³。滑坡开始是开挖卸荷引起,当时施工单位正进行二级马道以下渠坡修坡,滑坡从三级马道开始启动,上缘出现宽 0.5~0.8 m 的张拉裂缝,还伴有一组 X 型剪切裂隙,并有约 3 m 的跌坎,滑坡体最大厚度约 1.2 m。

图 3-4　非试验区滑坡(裂隙面+滑弧)

通过现场地质人员对滑坡体进行的坑槽勘探,发现此段黏土岩中裂隙发育。其中,走向 270°~340° 的裂隙共计 38 条,与区域断裂构造线方向基本一致,并发现有一条连通性较好的裂隙。此外,地质编录表明,此段裂隙面、层间面、软弱夹层等地质结构面较为发育,其中一组倾向南东向的缓倾角结构面与滑坡体滑动面一致,其裂隙面上有 1~2 mm 充填物,并有铁锰结核擦痕、蜡状光泽等,含水率高,滑动面上土体的自由膨胀率为 61.5%~105%。

根据试验计划,新乡膨胀岩试验段第 1 试验区为裸坡试验区,即渠坡开挖后不做任何防护,通过控制雨量、雨型的人工降雨,研究渠坡在降雨作用下的变形规律和破坏特征。其中,1—1 区左岸渠坡(坡比为 1:1.5,地层为泥灰岩—黏土岩护层),在人工降雨 2 d,累计降雨约 6 h 后发生大面积滑坡。

1—1 区左岸为泥灰岩与黏土岩互层结构,坡高 15～17 m,坡比 1:1.5。设有两级马道。人工降雨试验区域位于一级马道以下坡面,坡高 9 m,沿坡面方向长 16 m,沿渠道方向宽 28 m。渠坡地质剖面和破坏形态如图 3-5 所示。

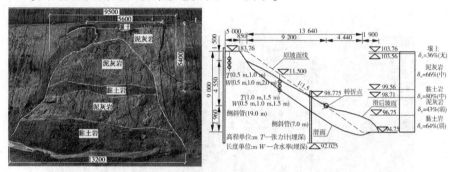

图 3-5　泥灰岩渠坡地质剖面及破坏形态示意图

从 2008 年 9 月 24 日开始,在 3 d 的降雨试验期间,共进行了 5 次降雨过程,模拟降雨强度为 16 mm/h,最终在累计降雨约 6 h 后发生大面积滑坡。滑坡位于一级马道以下,坡面呈扇形展开。滑坡前缘宽 13.2 m,后缘宽 5.6 m,后缘跌坎高 1.5 m,滑弧深度约 1.5 m。

3.1.1.3　南水北调中线南阳试验段渠道滑坡

为研究膨胀土渠道滑坡机制和渠坡处理措施,南水北调中线在南阳膨胀土地区修筑了长 2.05 km 的试验段,通过预埋各种监测仪器,观测试验段在开挖过程和运行工况模拟期间的变形和应力状态,探索渠道变形和破坏机制。南阳膨胀土试验段位于南阳市西北靳岗乡丁洼村东,试验段分为 3 个试验区,分别为填方试验区、弱膨胀土挖方试验区和中膨胀土挖方试验区。根据处理措施的不同,填方试验区又分为 2 个亚区,弱膨胀土试验区分为 4 个亚区,中膨胀土试验区分为 7 个亚区,每区长 80～120 m。南阳膨胀土试验段平面布置示意图见图 3-6。

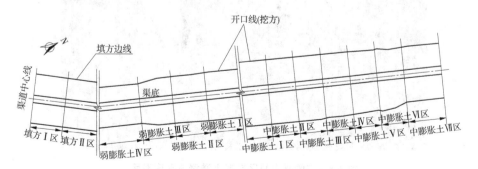

图 3-6　南阳膨胀土试验段平面布置示意图

1. 开挖期中膨胀土Ⅵ区左岸滑坡

无处理措施试验区(中膨胀土Ⅵ区)左岸设计坡比为 1 : 2.0,坡高约 10 m,设有一级马道。2009 年 2 月,该区上游一级马道以下断面开挖削坡施工中发生滑坡。

滑坡体位于一级马道以下的开挖坡面上,滑坡长约 11 m,坡面宽约 11 m,滑弧深 0.5~2 m。滑坡体的体积 50~60 m³,坡面裂缝宽最大达 100 cm,沿坡面及坡肩呈圆弧状,见图 3-7。

图 3-7　中膨胀土Ⅵ区左岸上游滑坡

地质勘探显示,该区左岸渠坡主要由粉质黏土组成,渠肩至一级马道以下 2 m 为弱膨胀土,其下为中膨胀土。滑坡处发育有大量倾向渠内的大、长大裂隙(最长达 40 余 m),裂隙充填有灰色黏土条带。中膨胀土Ⅵ区左岸上游滑坡约半个月后,发现中膨胀土Ⅵ区左岸下游一级马道以下也出现滑坡迹象,位于渠坡中部沿水流方向出现一条长大裂隙,上部沿一级马道中部有贯穿的裂隙,滑动剪出口有明显灰白色充填物,见图 3-8、图 3-9。

图 3-8　中膨胀土Ⅵ区左岸上游滑坡滑床滑面

2. 试验段运行工况模拟期滑坡

中膨胀土Ⅲ区为土工袋处理措施试验区,坡高 13.25 m,坡比 1 : 2.0,设有一级马道,

图 3-9　中膨胀土Ⅵ区左岸下游滑坡剪出口

马道以上坡高 6.3 m。中膨胀土Ⅲ区一级马道以上为土工袋 1.5 m+土袋植草,一级马道以下为土工袋 1.5 m+20 cm 砂石垫层+复合土工膜+衬砌。

该试验区衬砌完工于 2009 年 5 月 18 日。2009 年 6 月 20 日,在坡顶首先发现明显的拉裂缝,随后该裂缝向两侧发展,逐渐贯通至整个渠坡坡顶,并延伸至土工格栅试验区(中膨胀土Ⅳ区)。此后,变形过程继续增大,滑坡体在一级马道以下剪出,造成混凝土衬砌拱起(见图 3-10)。7 月下旬开始采取上部减载处理,观测显示仍有浅层变形在继续发展,后在一级马道打入木桩做抗滑处理才使滑坡基本稳定。

图 3-10　中膨胀土Ⅲ区左岸滑坡形态

南阳膨胀土试验段运行工况模拟期间裸坡试验区、换填非膨胀黏性土试验区、土工格栅处理试验区均有滑坡发生,此处不再赘述。

3.1.2　边坡稳定分析理论及方法

3.1.2.1　传统极限平衡法

极限平衡法求解边坡的安全系数通常采用条分法,对同一个边坡,不同条分法的最小安全系数的判别标准是不一样的,要遵循相关规范中的稳定判别准则。

以简化 Bishop 法为例推导其计算公式,详见第 2 章 2.1.1.3 节。

极限平衡理论经 Janbu、Morgenstern-Price、Spencer 等的研究发展,求解方程已不再只局限于力或者是力矩的平衡,他们建立了能同时满足力和力矩的平衡来求解安全系数的方程,而且滑裂面可以是任意形状。争论的焦点集中在条间力作用的位置及方向上,表 3-1 对各种方法在条间力作用的位置和方向进行了比较。根据滑动面的形式选择合适的分析方法。通常,对于圆弧滑动采用 Bishop、Fellenius 等方法,对于非圆弧滑动采用 Janbu、Morgenstern-Price 等方法。

表 3-1　各种方法对条间力的假定

方法	条间力假定
Fellenius	忽略条间力
Bishop's Simplified	存在水平力,但条间没有竖向剪力作用
Janbu's Simplified	条间作用力水平,条间剪力等于水平力乘以一个系数
Janbu's Generalized	条间作用力点连为一推力作用线,各作用点在土条下三分点处
Spencer	条间力倾角为一常数
Morgenstern-Price	条间力的作用方向由任意函数确定,但确定的函数在同时满足力和力矩的平衡计算中能收敛
GLE	条间力的作用方向由任意函数 $f(x)$ 确定,条间剪力由 $E\lambda f(x)$ 确定,但此时要能找到 λ 使分别由力和力矩的平衡计算的安全系数趋于一致
Corps of Engineers	假定条间力的倾角与坡体的平均坡角相同
Lowe-Karafiath	假定条间力的倾角等于土条底面倾角和顶面倾角的平均值
Morgenstern-Chen	条间作用力需要满足一定的边值条件

3.1.2.2　考虑膨胀性的膨胀土(岩)渠坡稳定分析方法

膨胀岩土渠坡的破坏失稳多表现为牵引式、渐进性、浅层滑动破坏,与一般土体的圆弧形滑动有所区别,对膨胀岩土渠坡进行稳定性分析应正确模拟膨胀岩土的工程特性及其影响因素。南水北调中线膨胀土科研课题研究认为,对于膨胀作用下的渠坡稳定,只能采用满足变形相容条件的有限元方法,具体分析如下。

1.膨胀岩土本构模型

采用理想弹塑性本构模型,强度准则为 Mohr-Coulomb 准则:一方面可以较好地反映材料的破坏特征;另一方面其模型参数简单且容易被获取,可以和常规的室内试验相对比。弹性模量与泊松比取常量,弹性模量确定原则是根据浅层土体应力状态相对应条件下的三轴剪切应力应变曲线,取土体达到峰值应变时的割线模量。强度参数可选用饱和强度参数。

Mohr-Coulomb 准则假设当任意一点的剪应力达到某个值时,材料发生屈服,抗剪强度与正应力呈线性关系。一般受力下的岩土材料,考虑任何一个受力面,抗剪强度可以用如下形式表示:

$$\tau = c + \sigma\tan\varphi \qquad (3-1)$$

式中：τ 为受剪切面上的剪应力；σ 为受剪切面上的法向正应力；c 为土体黏聚力；φ 为内摩擦角。

2. 吸湿膨胀的数值模拟

湿度场的提法是受到温度应力场的启发而提出来的。湿度场理论的基本思想如下：

（1）膨胀岩土吸水后产生体积膨胀和软化，恰好类似材料的温度效应。一般材料当温度升高时会产生体积膨胀和软化。

（2）当物体上受到某个热源作用时，体内会形成一个热传导方程控制的温度变化场。而当围岩受到某个水源（或湿空气）作用时，围岩内也会形成一个受水分扩散方程控制的湿度变化场。

对于湿度应力的计算，可采用初应变法或者以温度的形式施加到土体上。

3. 膨胀模型

以往基于非饱和三轴试验及非饱和土力学理论建立的膨胀土膨胀本构模型虽然理论体系清晰，但模型过于复杂，参数难以获得，试验周期性长、成果重现性差，不便于工程应用。

为建立解决实际工程问题的实用膨胀模型，本课题开展了两种不同应力状态的膨胀本构模型试验研究：一是在固结仪上试验得到的 k_0 应力状态膨胀模型；二是通过三轴膨胀试验得到的三轴应力状态膨胀模型，两种膨胀模型有统一的表达式，具体如下式所示：

$$\varepsilon_V = a + b\ln(1 + \delta) \qquad (3-2)$$

式中：ε_V 为膨胀土充分吸湿引起的体积膨胀率（%）；在 k_0 应力状态膨胀模型中 δ 为上覆荷载，在三轴应力状态膨胀模型中 δ 为平均主应力，kPa；a、b 为与初始含水率有关的系数。

经过理论推导可以证明，k_0 应力状态膨胀模型参数 a_{k0}、b_{k0} 与三轴应力状态膨胀模型的参数 $a_{三轴}$、$b_{三轴}$ 有如下关系：

$$\frac{a_{k0}}{a_{三轴}} = \frac{b_{k0}}{b_{三轴}} \qquad (3-3)$$

通过试验数据对比可知，三轴膨胀模型参数数值大概是 k_0 膨胀模型参数数值的 2 倍。由于三轴膨胀模型的应力状态和应力路径清晰，故计算采用三轴膨胀模型。

4. 安全系数判别准则

有限元强度折减法分析渠坡稳定性的一个关键问题是如何根据有限元计算结果来判别渠坡是否处于破坏状态，目前在有限元计算过程中主要采用力和位移的不收敛作为渠坡失稳的标志。

但膨胀岩土存在特殊的膨胀性，膨胀性在土体中是以内力的形式释放出来，而内力的释放是一个逐步自平衡的过程，理论上不存在收敛性的问题，因此采用有限元强度折减法分析膨胀岩土渠坡稳定时不能采用力和位移的不收敛作为渠坡失稳的标志。经过长时间的探索，提出在膨胀岩土渠坡稳定计算中可将等效塑性应变从坡脚到坡面某一范围完全贯通作为渠坡失稳的标志。

5. 考虑膨胀性的边坡稳定分析方法

(1)对于某一地区的膨胀土边坡,首先需建立浅层范围内天然含水量条件下土体膨胀本构模型,该模型的公式形式为

$$\varepsilon_V = a + b\ln(1 + \delta_{\mathrm{m}}) \tag{3-4}$$

式中:ε_V 为体变(%);σ_{m} 为平均主应力,kPa;a、b 为与吸湿膨胀相关的参数,与初始含水率有关,这两个参数可由三轴膨胀试验推导出来,膨胀模型可计算不同应力状态、不同初始含水率条件下吸水完全饱和引起的体变。

(2)当地的大气影响深度为吸湿膨胀最大可能的影响范围,该影响范围内土体由天然湿度状态到饱和状态为最不利工况。建立有限元模型计算各节点自重作用下的体积应力,并采用膨胀模型计算各节点的最大可能膨胀应变,计算中假定膨胀是各向同性的,根据温度场线性膨胀应变理论,如指定线膨胀系数则可以将体变转换为各节点的温度荷载。

(3)土体的应力应变曲线一般取为非线性的,亦即土体的模量也是非线性的。但工程中最常用的本构模型为理想弹塑性,为了简化计算,并突出反映计算边坡稳定的主要目的,浅层土体的模量可根据与浅层土体应力状态相对应条件下的三轴剪切应力应变曲线,由达到峰值应变时的邓肯非线性弹性割线模量公式来确定。割线模量的物理意义为反映土在某一工作应力范围内应力应变状况的平均模量。强度可取饱和强度参数。

(4)计算分两步,首先计算自重应力场,其次在自重应力条件下将膨胀应变以温度荷载的方式加载到有限元节点上,模拟含水率的变化造成渠坡一定深度内的土体发生非均匀膨胀变形,进行膨胀岩土边坡膨胀变形计算。该类型的计算为强烈非线性迭代过程,为保证计算的收敛性与可靠性,应设置足够小的计算步长。

(5)土体发生非均匀膨胀变形会改变渠坡的应力状态,由于坡脚处存在应力集中,导致坡脚处土体的剪应力会首先越过峰值强度而破坏,引起邻近区域相继越过其峰值强度,破坏区逐渐扩大。膨胀岩土的膨胀性在土体中以内力的形式释放出来,而内力的释放是一个逐步自平衡的过程,理论上不存在收敛性的问题,因此不能采用力和位移的不收敛作为渠坡失稳的标志。

(6)在计算中要逐步观察土体的等效塑性应变(剪切带)扩展范围与程度,仔细追踪土体剪切带的形成过程,在计算中可将等效塑性应变(剪切带)从坡脚到坡面某一范围完全贯通作为渠坡失稳的标志。

(7)如果采用饱和强度参数指标进行计算,过程(4)~(6)并没有出现等效塑性应变(剪切带)从坡脚到坡面某一范围完全贯通,则可以认为该边坡的安全系数大于1,此时采用传统的有限元强度折减法概念对饱和强度参数(内聚力、内摩擦角的正切值)除以一个大于1的系数,以新的强度参数进行计算;反之,如果在整个计算过程中出现等效塑性应变(剪切带)从坡脚到坡面某一范围完全贯通,则认为该边坡的安全系数小于1,这时对饱和强度参数(内聚力、内摩擦角的正切值)除以一个小于1的系数,以新的强度参数进行计算。

在这个过程中要根据步骤(6)的内容判断边坡的等效塑性应变(剪切带)从坡脚到坡面某一范围是否完全贯通,如没有,则需更进一步重复步骤(7),不断调试系数进行计算。

(8)举例说明,当采用强度折减法进行边坡稳定判断时,如将峰值强度除以系数 0.92

时已经形成大片塑性区域,但这时等效塑性应变(剪切带)还未完全贯通;当峰值强度除以系数 0.93 时边坡中下部已经形成了一个完全贯通的等效塑性应变(剪切带)区域,则由此可推断在当前的计算参数取值条件下安全系数为 0.92。

3.2　典型膨胀土渠段稳定分析

3.2.1　无明显裂隙面膨胀土渠坡极限平衡法算例

3.2.1.1　典型断面概况

选择新乡潞王坟膨胀岩试验段桩号 SY1+050 为典型断面进行分析计算。

总干渠新乡潞王坟试验段场区位于太行山南麓凤凰山南侧,属软岩丘陵区,地面高程 91~134 m。区内冲沟发育。塌滑体附近总干渠为深挖方段,共设有五级马道。其中,五级马道高程 124.59 m,四级马道高程 118.59 m,三级马道高程 112.59 m,二级马道高程 106.59 m,一级马道高程 100.49 m,高差约为 6.0 m,渠底高程为 91.54 m,渠底宽度为 12.17 m。二级至五级马道宽度均为 2.0 m,一级马道宽度为 5.0 m。总干渠设计一级至二级马道之间永久边坡 1:2.25,二级至三级马道之间永久边坡 1:2.0,三级马道以上永久边坡 1:1.75;设计水位 98.694 m。

该段渠道开挖成型后,2008 年 12 月 5 日至 2009 年 3 月 3 日,SY1+179.7~SY1+240.5 渠道左岸二级至四级马道之间的渠坡曾三次在同一个区域滑动,塌滑体总长度 60.8 m,塌滑体总方量约 900 m³。三次滑塌体现场照片见图 3-11~图 3-13。历经 2009~2011 年三个雨季后,该段渠道一级马道以上边坡发生多次、多期滑塌,范围不断扩大,共形成 5 处滑塌体。分别为 SY0+927~SY1+013 段左岸一级马道至坡顶处塌滑体、SY 1+085~SY1+134 段左岸一级至二级马道之间塌滑体、SY1+155~SY1+250 段左岸一级至五级马道之间塌滑体、SY1+177~SY1+238 段右岸一级至四级马道之间塌滑体和 SY1+256~SY1+297 段右岸三级至四级马道之间塌滑体。其中,规模较大的分别为 SY0+927~SY1+013 段左岸塌滑体、SY1+155~SY1+250 段左岸塌滑体和 SY1+177~SY1+238 段右岸塌滑体。

3.2.1.2　地层岩性

总干渠新乡潞王坟试验段工程场区塌滑体一带出露地层为一套河湖相沉积、上第三系上新统潞王坟组软岩及中更新统残坡积物覆盖层。其中,上新统潞王坟组软岩岩性以黏土岩、砂质黏土岩为主,夹有泥灰岩、砂岩(或砾岩)薄层或透镜体。地层波状起伏,岩性分布很不均一,沉积规律很差;第四系中更新统岩性以残坡积重粉质壤土为主,覆盖在上第三系地层之上。该段地层岩性自老至新分述如下。

1. 上第三系上新统潞王坟组(N_2^1)

泥灰岩:灰白色,少量灰绿色,泥质隐晶结构,层状构造,岩性不均,节理裂隙较发育,沿裂隙局部见有铁锰质及泥质充填,成岩程度不同。分布很不均一,主要分布于渠道左岸三级马道以上至四级马道附近;三级马道以下泥灰岩多呈薄层或透镜体状分布于黏土岩和砂质黏土岩之间。共揭露 3 层,上层泥灰岩(③-2)呈灰白色,成岩好,具层状结构,主要分布在四级马道及以上斜坡,三级至四级马道间有零星出露;中层泥灰岩(③-1)呈灰

图 3-11　第一次塌滑体裂缝

图 3-12　第二次塌滑体上游剪切裂缝

白色,成岩差,主要分布在三级马道以上、四级马道及以下边坡;下层泥灰岩(④-4)呈灰白、灰绿色,成岩程度差异较大,既有成岩好的,又有成岩差的。透镜体状分布在三级至一级马道附近斜坡上。

黏土岩(④-1):棕红色,局部棕红杂灰绿色,具滑感,成岩差,多呈硬塑—坚硬土状,裂隙发育,裂隙面见有蜡状光泽和少量擦痕,黏土岩具有吸水膨胀、失水干缩的特点,易崩解。黏土岩主要分布在四级马道以下斜坡上。

砂质黏土岩(④-3):棕黄色,稍具滑感,有明显的砂粒,局部棕红杂灰绿色,成岩差,多呈可塑—硬塑状,主要分布在三级马道以下至一级马道以上斜坡上,与黏土岩或砂岩呈

图 3-13 第三次塌滑体后壁

互层状或透镜体状。

砂岩(④-2):黄色、褐黄色,局部杂浅黄色,中细粒结构,多数成岩差,呈松散状;局部成岩好,坚硬,呈薄层状镶嵌在成岩差砂岩中,主要分布在二级马道以下斜坡上。多呈透镜体状分布于黏土岩或砂质黏土岩中。

2. 第四系中更新统(Q_2^{el+dl})

重粉质壤土:浅棕红—棕红色,土质致密,但不均匀,下部夹有棕红色粉质黏土,土层中可见灰黑色铁锰质斑点,小砾石和泥灰岩碎屑。层厚 2.5~5.5 m,主要分布于 SY 0+920~SY 1-200 段两侧三级马道以上。

3.2.1.3 地质构造

工程场区位于华北准地台山西台背斜的东南部,新构造分区为华北断陷—隆起区太行山隆起东南部边缘,区域断裂构造线方向为北东向、近东西向、北西向,距工程场区较近的断裂主要有盘古寺断裂(F60a,即焦作断裂)、峪河断裂(F59)、汤西断裂(F53)(详细情况见表 3-2)。

表 3-2 新乡潞王坟试验段近场区断裂

名称	长度(km)	走向	活动性	活动时代
盘古寺断裂	75	近东西	右旋正断	Q
峪河断裂		北西西	总旋正断	Q
汤西断裂	70	北北东	正断	Q_2

据中国地震局分析预报中心《南水北调中线工程沿线设计地震动参数区划报告》,场区地震动峰值加速度值 0.20g,相当地震基本烈度Ⅷ度区。

通过对总干渠新乡潞王坟试验段渠道塌滑体两侧进行坑槽勘探和工程地质测绘,发现该处上第三系黏土岩等软岩中裂隙较为发育,按裂隙产状分为五组:第一组走向0°~40°,共5条;第二组走向50°~90°,共9条;第三组走向270°~295°,共19条;第四组走向300°~340°,共19条;第五组走向341°~360°,共6条。其中,第三组、第四组较为发育。同时在2#探槽编录过程中,在三级马道附近紫红色黏土岩中发现一条连通性好的裂隙,在探槽中其上游产状165°∠32°,下游产状153°∠47°,节理面光滑,具蜡状光泽,并有铁锰质侵染,裂隙面略呈弧形,延展性较好。其节理玫瑰花图见图3-14。

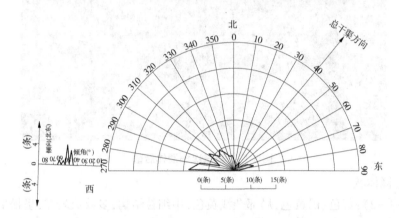

图3-14　本段探槽中黏土岩节理裂隙产状玫瑰图

塌滑体现场地质编录表明,工程场区裂隙、层间面、软弱夹层等地质结构面较为发育,主要有三组,分别为:第一组走向为33°~47°,倾向为123°~137°,倾角为17°~20°;第二组走向为36°~50°,倾向为126°~140°,倾角为65°~74°;第三组走向为138°~175°,倾向为48°~85°,倾角为50°~71°。其中,第一组倾向南东向低倾角的结构面与塌滑体滑动面一致,其裂隙面附着有1~2 mm泥化层,见有蜡状光泽、擦痕、黑色铁锰质薄膜及灰绿色黏土矿物,含水率高。

3.2.1.4　土、岩体物理力学性质

施工期间现场地质人员曾在不同时段的塌滑体、滑动面及其周边上第三系软岩中取样进行室内自由膨胀率试验,成果表明第一次滑动面上灰绿色黏土岩自由膨胀率61.5%,具弱膨胀潜势,接近中等膨胀。第三次滑动面上灰绿、棕红色黏土岩自由膨胀率80%~105%,具中等—强膨胀潜势;塌滑体后缘及两侧的棕红色、灰绿色黏土岩自由膨胀率44.0%~93.0%,主要具弱—中等膨胀潜势,个别具强膨胀潜势;成岩差的泥灰岩自由膨胀率28.0%~40.0%,不具膨胀性(做5组仅1组为40.0%);砂质黏土岩自由膨胀率20%,不具膨胀性。

在塌滑体滑动面上取黏土岩原状样做中型剪切试验,试验表明,其黏聚力范围值为126~383 kPa,平均212 kPa,摩擦角范围值为38.2°~40.1°,平均39.4°。建议结构面饱和快剪黏聚力19 kPa,摩擦角16°;残余强度黏聚力15 kPa,摩擦角17°。

试验段非试验区渠段46组底系软岩样品膨胀性试验结果表明:

黏土岩具弱膨胀潜势的有 20 组,占试验组数的 43.5%;具中等膨胀潜势的有 22 组,占试验组数的 47.9%;具强膨胀潜势的有 2 组,占试验组数的 4.3%;不具膨胀潜势的有 2组,占试验组数的 4.3%。黏土岩具中等膨胀潜势,个别具强膨胀潜势。

砂质黏土岩 14 组岩石样品,具弱膨胀潜势的有 7 组,占试验组数的 50.0%;具中等膨胀潜势的有 1 组,占试验组数的 7.1%;具强膨胀潜势的有 1 组,占试验组数的 7.1%;不具膨胀潜势的有 5 组,占试验组数的 35.8%。砂质黏土岩一般具弱膨胀潜势,个别具中等—强膨胀潜势。

泥灰岩 13 组岩石样品,具弱膨胀潜势的有 2 组,占试验组数的 15.4%;不具膨胀潜势的有 11 组,占试验组数的 84.6%。泥灰岩一般不具有膨胀性,个别具弱膨胀潜势。

建议按中等膨胀潜势处理。

3.2.1.5　边坡稳定计算

根据地表至渠底以下 5 m 范围内土岩体的岩性组合特征、岩体构造、岩性与结构等因素,同时考虑渠道开挖深度,选取典型断面进行计算,本段总长度为 340 m,经分析共选取7 个代表断面进行计算。

参照《碾压式土石坝设计规范》(SL 274)的规定,边坡稳定计算方法采用毕肖普法进行计算,各工况下的荷载组合见表 3-3。

表 3-3　抗滑稳定最小安全系数

| 工况 | | 荷载 | | | | 安全系数 | 备注 |
	土重	水重	孔隙压力	汽车荷载	地震压力		
正常情况 Ⅰ	√	√	√	√		1.5	挖方渠段:设计水深、加大水深,地下水稳定渗流
正常情况 Ⅱ	√	√	√	√		1.5	根据运行过程渠道水位、衬砌下方的排水条件,确定作用坡面的衬砌压力和坡外水位
非常情况 Ⅰ	√	√	√	√		1.3	挖方渠段:渠内无水,地下水稳定渗流
非常情况 Ⅱ	√	√	√	√	√	1.2	正常情况下增加地震荷载

计算工况如下:

(1)计算工况。设计工况:工况 Ⅰ,计算内(外)坡,渠道内设计水深 7.0 m,地下水处于稳定渗流。

(2)校核工况。工况 Ⅰ:Ⅰ$_1$,计算内坡,施工期,渠内无水,地下水处于稳定渗流状态。工况 Ⅱ:Ⅱ$_1$,计算内坡,设计工况 Ⅰ+地震。

典型断面土、岩 c、φ、γ 值见表 3-4,边坡设计成果见表 3-5,总干渠左侧边坡复核计算成果示意图见图 3-15。

表 3-4　SY1+050 典型断面边坡稳定计算参数

序号	设计分段桩号			渠坡及渠底岩性	黏聚力(kPa)	摩擦角(°)	湿密度(g/cm³)	饱和密度(g/cm³)
	起	止	典型断面					
			SY1+050	黄土状重粉质壤土	26	19	1.84	1.97
				重粉质壤土	28	19	1.94	2.01
				黏土岩	12	17	1.96	2.04
				砂岩	10	30	1.99	2.12

表 3-5　SY1+050 典型断面边坡稳定计算成果

典型断面	阶段	计算边坡										边坡计算安全系数		
		内坡及马道宽										设计工况Ⅰ	校核工况Ⅰ₁	校核工况Ⅱ₁
		m_1	m_2	m_3	m_4	m_5	m_6	一级马道	二级马道	三级马道	四级马道	五级马道		
SY1+050	本次计算断面	2.5	2.5	2	1.75			5	8	2			1.585	1.582	1.217

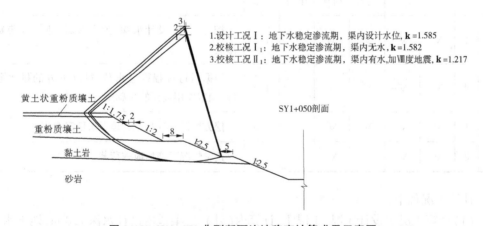

1.设计工况Ⅰ:地下水稳定渗流期,渠内设计水位,**k**=1.585
2.校核工况Ⅰ₁:地下水稳定渗流期,渠内无水,**k**=1.582
3.校核工况Ⅱ₁:地下水稳定渗流期,渠内有水,加Ⅷ度地震,**k**=1.217

SY1+050剖面

图 3-15　SY1+050 典型断面边坡稳定计算成果示意图

3.2.2　存在明显裂隙面膨胀土渠坡稳定分析算例

3.2.2.1　典型断面概况

禹长一标冀村—灰河挖方渠段 SH62+740~SH65+230 为中等膨胀岩渠段。地貌单元为岗地,地形起伏较大,挖深为 15~28 m,边坡主要为黄土状重粉质壤土(Q_3^{al+pl})、重粉质壤土(Q_2^{al+pl})及黏土岩(N_1^L)。禹长一标在 SH64+700~SH65+200 段,基面开挖后,施工现场地质处对该段施工边坡及探槽进行了地质编录和取样复核工作,地质情况说明如下:该渠段地势南高北低,西高东低,地貌单元为岗地,渠道由西向东横穿过该区(渠道方向86°30′37″),地面高程 148.52~132.89 m,渠底板高程 120.08 m,主要位于黏土岩中。

3.2.2.2　地层岩性

SH64+700~SH65+200 段渠道一级马道以上边坡多为重粉质壤土及黏土岩,由上至下分述如下。

黄土状重粉质壤土(Q_3^{al+pl}):褐黄色,可塑,见有针状孔隙,偶见有植物根系,多含钙质结核,粒径 2~5 cm,含量向下渐多,下部富集成层,含量 15%~25%。

重粉质壤土(Q_2^{al+pl}):棕黄—浅棕红色,硬塑,见有黑色铁锰质浸染及结核,土质不均,含钙质结核,粒径 3~8 cm,大者大于 10 cm,含量不均,局部富集。

重粉质壤土(Q_2^{al+pl}):棕黄色,杂浅灰绿色条带及斑块,硬塑状,见有黑色铁锰质斑点及豆状结核,含钙质结核,含量不均。

黏土岩(N_1^l):棕红色,为极软岩,见有黑色铁锰浸染,成岩差,含有砾石,砾石成分多为钙质团块、砂岩等,含量 20%~30%,粒径 0.5~5 cm。

黏土岩(N_1^l):灰白杂灰绿色,极软岩,成岩差,呈硬塑土状,多含钙质团块,粒径 2~5 cm,见有隐蔽微裂隙,裂隙面光滑,具蜡质光泽,裂面多见有黑色铁锰质浸染,可见擦痕,多呈灰绿色及棕黄色,裂隙长 10~20 cm。岩性不均一,局部灰绿色高岭土富集,局部为灰白色泥灰岩,呈硬块状。

探槽开挖深度范围内均为上第三系中新统洛阳组岩层(N_1^l),但岩性分布较复杂,规律性差。探槽上部多为黏土岩,棕红色杂灰绿色,含灰白色钙质团块,成岩差,为极软岩,呈透镜体状分布;下部多为黏土岩,灰绿色,泥质结构,成岩差,为极软岩,裂隙发育,暴露后遇水软化崩解较快成泥糊状。

3.2.2.3　裂隙发育情况

经现场观察、测量,一级马道以下灰绿色黏土岩及棕红色杂灰绿色黏土岩中原生裂隙较多,延伸长度大于 3 m,长者达 7 m,该黏土岩有临空面后极易沿裂隙面形成塌滑现象;裂面光滑细腻,多为灰绿色,杂有灰黑色铁锰质浸染薄膜或斑纹。裂隙方向不规则,主要裂隙有三组:①走向 278°~350°,倾向北东,倾角多为 33°~77°,个别 21°;②走向 28°~66°,倾向北西,倾角多为 50°~73°;③走向 60°~78°,倾向南东,倾角 56°~77°;另有许多网状微裂隙,产状不规律。渠道方向为 86°30′37″,现场探槽各个坡面灰绿色黏土岩均见有塌滑现象,左右岸边坡均存在滑坡危险。

施工开挖期间观察,新开挖的膨胀土及棕红色黏土岩结构较致密,多呈硬塑土状,初期天然强度较高。微观结构均有隐蔽微裂隙,裂面光滑细腻,方向不规则,随着气候干湿交替、卸荷回弹等影响逐渐显现;探槽中黏土岩节理裂隙面发育较明显。

根据工程地质类比,建议软弱结构面的抗剪强度值 $c=12$~14 kPa,$\varphi=10°$。

施工开挖时现场照片见图 3-16、图 3-17。地质节理见图 3-18。

3.2.2.4　膨胀性复核

据前期勘察试验资料,结合本次复核试验资料及施工现场地质编录情况,综合岩性外观结构特征、遇水及气候影响的风化崩解情况,该渠段重粉质壤土(Q_2^{al+pl})具弱膨胀潜势,

图 3-16　灰绿色膨胀岩开挖坡面

图 3-17　灰绿色膨胀岩裂隙岩体的崩落塌滑

黏土岩(N_1^1)呈紫红色、棕红色杂灰白色多具弱膨胀潜势,灰绿色杂灰白色多具弱—中等膨胀潜势,灰绿色多具中等膨胀潜势。

3.2.2.5　水文地质条件

SH64+700～SH65+200 段,地下水有第四系松散层孔隙上层滞水和上第三系软岩孔隙裂隙潜水两种。

上层滞水主要赋存于黄土状重粉质壤土和重粉质壤土层中,黄土状重粉质壤土渗透系数一般为 $1.0×10^{-6}～5.4×10^{-5}$ cm/s,重粉质壤土渗透系数一般为 $1.8×10^{-7}～6.5×10^{-5}$ cm/s,以微—弱透水性为主,富水性较差,为上层滞水,在右岸坡面高程 141～147 m

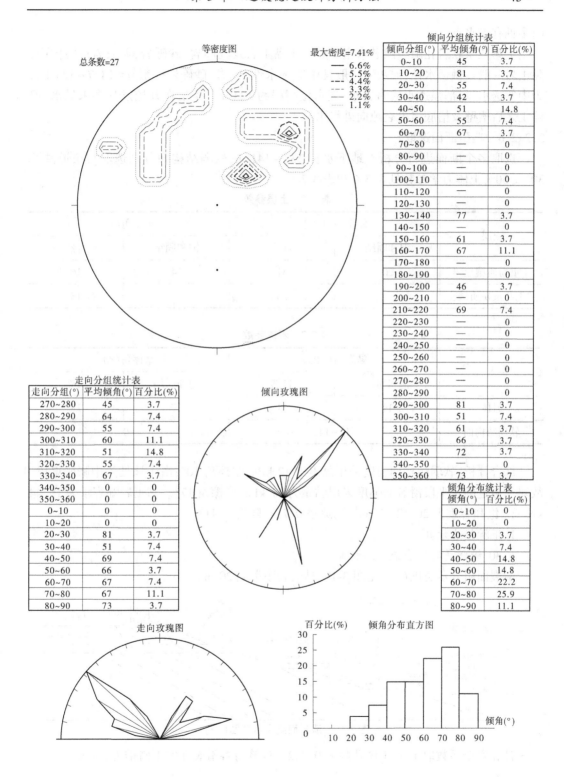

图 3-18　地质节理图

间多见有渗水点。

上第三系软岩孔隙裂隙潜水主要赋存于黏土岩及其砂岩、砂砾岩、泥灰岩透镜体中，黏土岩一般具微透水性，泥灰岩一般具中等透水性，砂岩、砂砾岩一般 $q = 18.7 \sim 123$ Lu，为中等透水，局部强透水或弱透水，现水位高程约 124 m。探槽在开挖过程多未见水，但停工之后槽壁及槽底多沿裂隙向外渗水。

3.2.2.6　典型断面选取

选取多个断面进行分析。地下水位 137~141 m，软弱结构面分别选取与渠道倾角 30°及 50°，土体力学参数见表 3-6 和表 3-7。

表 3-6　土层参数

土层	黏聚力(kPa)		摩擦角(°)	
	饱和固结	自然	饱和固结	自然
重粉质壤土	20	31	14	16
黄土状重粉质壤土	25		18	

表 3-7　岩体参数

黏土岩	黏聚力(kPa)		摩擦角(°)	
	饱和固结	自然	饱和固结	自然
岩体	19	31	17	18
软弱结构面	12~14		10	

综合分析，软弱结构面强度采用黏聚力 12 kPa，摩擦角 10°；由于该处为中膨胀渠段，故对于假定的水平段滑裂面强度采用黏聚力 17 kPa，摩擦角 17°。黏土岩湿容重为 19.44 kN/m³，饱和容重为 20.12 kN/m³，孔隙率 0.7，孔隙度 0.412。

1. 下滑推力计算

1)30°缓倾角时组合裂隙面计算

滑裂面组合示意图(一)见图 3-19，黏土岩距渠底 20 m。

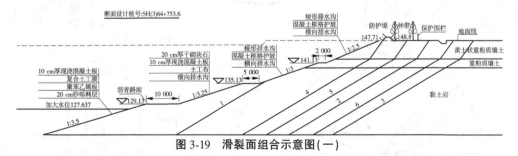

图 3-19　滑裂面组合示意图(一)

计算安全系数取 1.3，土体孔隙度 0.412。计算得各滑裂面的下滑推力，见表 3-8。

表 3-8　滑裂面(一)下滑推力值

滑裂面	1	2	3	4	5	6
最终下滑力(kN)	−258.74	55.79	−211.18	−134.76	31.29	−150.83

滑裂面组合示意图(二)见图 3-20,黏土岩距渠底 18 m。计算得各滑裂面的下滑推力,见表 3-9。

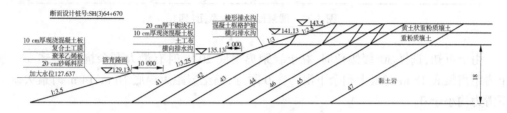

图 3-20　滑裂面组合示意图(二)

表 3-9　滑裂面(二)下滑推力值

滑裂面	1	2	3	4	5	6	7
最终下滑力(kN)				−41.86	−92.82	−0.22	−159.88

滑裂面组合示意图(三)见图 3-21,黏土岩距渠底 16 m。计算得各滑裂面的下滑推力,见表 3-10。

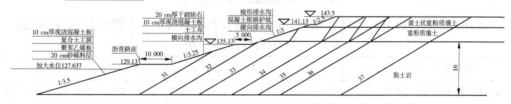

图 3-21　滑裂面组合示意图(三)

表 3-10　滑裂面(三)下滑推力值

滑裂面	1	2	3	4	5	6	7
最终下滑力(kN)	−207.32	−207.32	−207.32	−114.16	−121.8	−207.32	−160

滑裂面组合示意图(四)见图 3-22,黏土岩距渠底 14 m。计算得各滑裂面的下滑推力,见表 3-11。

表 3-11　滑裂面(四)下滑推力值

滑裂面	1	2	3	4
最终下滑力(kN)	−211.18	−211.18	−211.18	−211.18

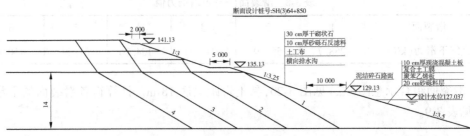

图 3-22　滑裂面组合示意图(四)

由上可知,选择30°缓倾角时,黏土岩距离渠底20 m时有最大剩余抗滑力55 kN,黏土岩距离渠底18 m时最大剩余下滑力在0附近,黏土岩距离渠底16 m、14 m时最大剩余下滑力均小于0。

2)50°缓倾角时组合裂隙面计算

滑裂面组合(五)见图3-23。

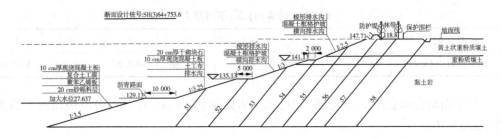

图 3-23　滑裂面组合示意图(五)

计算安全系数取1.3,土体孔隙度0.412。计算得各滑裂面的下滑推力,见表3-12。

表 3-12　滑裂面(五)下滑推力值

滑裂面	1	2	3	4	5	6	7
最终下滑力(kN)					−258.74	−211.18	−211.18

由上可知,选择50°缓倾角时组合裂隙面不会发生滑动。

故需要在深挖方且黏土岩距离渠底在18~20 m时设置抗滑桩。根据滑坡形式及膨胀岩土边坡的特点,将抗滑桩布置在一级马道处,则可知设抗滑桩处的水平下滑推力以及桩后土体的抗滑力,从而对抗滑桩的设计尺寸、间距等进行计算。

3.3　膨胀土(岩)渠道设计要点

3.3.1　处理层厚度设计

膨胀作用下的渠坡失稳和变形控制主要采用换填压重的处理方法,处理层厚度的设计应按以下几个方面进行确定。

（1）保证渠坡稳定的处理层厚度。

对于一级马道以上渠坡，应结合不同处理措施对含水量的防护效果，确定合理的含水量变化深度和含水量变化值，采用考虑膨胀变形的有限元方法计算渠坡稳定所需的处理层厚度 H_1。

对于一级马道以下渠坡，应考虑土体起始含水量和含水量的最大变幅（起始含水量至饱和），采用考虑膨胀变形的有限元方法计算渠坡稳定所需的处理层厚度 H_2。

（2）满足变形控制要求的处理层厚度。

对于一级马道以上渠坡，变形控制要求较低，能满足渠坡稳定的要求即可，一般情况下可不进行变形控制。

对于一级马道以下渠坡，衬砌对变形的要求较高，应根据设计允许变形量，采用膨胀土地基的膨胀变形计算公式，分层计算所需的处理层厚度 H_3。

（3）处理层厚度计算值，一级马道以上渠坡的处理层厚度取 H_1，一级马道以下渠坡的处理层厚度取 $\max(H_2, H_3)$。

（4）结合处理措施的施工工艺和工程条件，最终确定处理层厚度。

一级马道以下的渠道允许隆起变形量应根据地层岩土分布、膨胀性、衬砌结构计算及运行条件综合确定，可把衬砌不产生裂缝作为确定渠道允许隆起变形量。

3.3.2　渠道边坡的坡比

膨胀作用下的滑动，膨胀性起着主导作用，坡比不是主要因素，对于裂隙不发育、稳定性安全储备较大的地段，边坡可适当加陡；对于以弱膨胀土（岩）渠坡，当裂隙不发育，且不存在不良地质条件的情况下，可以考虑采用 1:1.5～1:1.75，并通过考虑膨胀变形的有限元方法进行复核；对于中膨胀土（岩）渠坡，当裂隙不发育时，且不存在不良地质条件的情况下，可以考虑采用 1:2；但当裂隙发育，且有定向性时，1:2 的边坡是不能满足工程安全稳定要求的，在条件允许的情况下，应尽可能放缓边坡（如 1:2.5～1:3.5），长期作用下仍不稳定或条件不允许时，需要采用锚固支挡的方法进行加固处理。

3.3.3　压实度的确定

（1）换填非膨胀黏性土压实度应满足相关设计规范规定并经现场碾压试验后确定。

（2）膨胀土（岩）开挖回填料的压实度应根据标准击实试验、强度试验、渗透试验和膨胀性试验综合确定。

膨胀土（岩）开挖回填料的后期膨胀性能及强度与压实度大小关系密切。压实度越大，强度越高，但膨胀潜势也大；而压实度越小，膨胀潜势越小，但强度也越低。因此，膨胀土（岩）开挖回填料的压实度既要达到最低要求，又不能过高。

根据本项目两个试验段的研究和实践，建议膨胀土（岩）开挖回填料的压实度采用双限范围进行控制。对于膨胀土采用轻型击实标准，压实度控制为 92%～97%；对于膨胀岩采用重型击实标准，压实度控制为 88%～93%，具体参数可按照实际工程情况进一步复核和优化。

3.3.4　层间结合面的处理

采用换填法处理膨胀土(岩)渠道边坡,当处理层与渠道原坡面渗透性存在较大差异时,应复核处理层稳定性,防止雨季产生过大的水头差,进而导致出现处理层的顶托破坏。

在渠道地下水位较高或地层透水性较大的地区,在防止局部膨胀变形破坏的处理层与原渠坡的接触面上,应合理设置排水盲沟或排水垫层,防止地下水渗流产生顶托破坏。

第 4 章　安全监测

4.1　膨胀土(岩)渠道安全运行所面临的主要问题

4.1.1　膨胀土(岩)渠道的变形与破坏

4.1.1.1　影响膨胀土(岩)胀缩变形的原因

1. 黏粒含量

膨胀岩土的黏粒含量高,多达 35%~85%,其中粒径小于 0.002 mm 的胶粒含量一般也在 30%~40%,液限一般为 40%~68%,塑性指数多在 20~35。因此,一般膨胀土均属于高塑性黏土。黏土颗粒小,分散性大,比表面积大,则表面能大,故其遇水对水分子的吸附能力高。因此,土中黏粒含量愈多,土的塑性指数愈高,则土体的胀缩性愈大。

2. 含水量

在工程施工中,建造在含水量保持不变的黏土上的构造物不会遭受由膨胀而引起的破坏。当黏土的含水量发生变化,立即产生垂直和水平两个方向的体积膨胀。含水量的轻微变化,仅 1%~2% 的量值,就足以引起有害的膨胀。土中含水量的变化而发生相应的膨胀或收缩变形,特别是在场地膨胀性土层厚度不一,均匀性不一,不同部位处含水量的变化以及建筑物基底压力不等时,就会导致地基土不均匀的隆起或下陷,使得建筑物产生墙体开裂、地面隆起或下陷等破坏。

一般来讲,很干的黏土表示有危险。这类黏土能吸收很多的水,其结果是对结构物发生破坏性膨胀。反之,比较潮湿的黏土,由于大部分膨胀已经完成,进一步膨胀不会很大。但应注意的是,潮湿的黏土在水位下降或其他的条件变化时,可能变干,显示的收缩性也不可低估。

3. 密度

土的密度大,孔隙比就小,浸水膨胀强烈,而失水收缩小;相反,土的密度小,孔隙比就大,浸水膨胀小,失水收缩大。而孔隙比处于中间值时,土的胀缩变形都较大。

4. 结构强度

土的结构强度能承受膨胀或收缩变形,即结构强度愈大的土,抵制胀缩变形的能力也愈大。

4.1.1.2　膨胀土(岩)渠道变形和破坏

膨胀土(岩)渠坡的破坏往往多发于施工开挖期,随着渠坡下挖,超固结土体卸荷松弛,渠坡土体结构遭受扰动破坏,雨水沿裂隙向坡体深部渗入,加剧了结构面贯通和软化,最终导致渠坡产生滑动,其全过程变形破坏主要包括:失水干裂—吸水崩解、冲蚀雨淋沟、溜塌、塌滑、滑坡。

1. 失水干裂—吸水崩解

膨胀土(岩)一旦暴露在大气环境中,最大的变化就是其含水量发生往复性变化。在晴天,坡面土体快速失水,很短时间内即可见开挖面土体开裂现象。在坡比为1:2时,甚至还能见到少量碎裂土块脱离渠坡缓慢向坡脚滚动。一旦出现降雨,坡表面已经干裂的土块很快崩解成更细小的颗粒。膨胀土干裂或崩解的速度与土体本身膨胀性相关,干裂或崩解后颗粒的大小也取决于土体膨胀性。

2. 冲蚀雨淋沟

在干裂—崩解作用下,膨胀土(岩)开挖面在较短时间内就会形成大量碎粒土,继而在坡面流作用下被冲刷形成雨淋沟,表层松散土体被水流带走后,在沟壁及沟底又会形成新的干裂—崩解作用,这样雨淋沟就不断变深变大,最终在渠坡坡面形成深浅宽窄不一、发育长短各异、间距不同的小冲沟,沟内多残留钙质结核或稍大的碎块状土粒。

3. 溜塌

与坡面膨胀土反复胀缩、强度丧失有关,边坡表层、强风化层内的土体吸水过饱和,在重力与渗透压力的作用下,沿坡面向下产生流塑性溜塌现象。这是膨胀土边坡表层最普遍的一种病害,常发生在雨季,与边坡坡度无关。溜塌上方有弧形小坎,无明显裂缝与滑面,塌体移动距离较短,且很快自行稳定于坡面,其厚度受风化层控制多在1.0 m以内,不超过1.5 m。

4. 塌滑

边坡浅层膨胀土体在湿胀干缩效应与风化作用影响下,由于裂缝切割以及水的作用,土体强度衰减,丧失稳定,沿一定滑面整体滑移并有坍落现象。塌滑多发生在雨季,滑面清晰并有擦痕,滑体裂隙密布,多在坡脚或软弱的夹层滑出,若继续发展,可牵引形成滑坡,厚度多为1.0~3.0 m,一般在风化作用层内。

5. 滑坡

滑坡具有弧形外貌,有明显的滑床,滑床后壁陡直,前缘比较平缓,主要受裂隙控制,滑动期间多伴有降雨。破坏时,一般是前缘小范围土体首先滑动,然后牵动后部更大范围的滑坡破坏。此类滑坡的滑面多沿袭土体中的软弱夹层或长大缓倾角结构面,且多数伴有地下水渗出现象。滑坡深浅取决于结构面埋藏深度。浅层滑坡在施工期发生较多,深层滑坡的发生一般有较长的滞后时间。深层滑坡必有长时间的强降雨作为触发因素,雨水渗入导致土体含水量增大、强度降低,拉裂缝中静水压力升高,使坡体下滑力增加而产生滑坡破坏。滑坡一旦发生,后部坡体失去支撑,就会出现牵引式或叠瓦式向后快速发展的现象,同时带动上下游坡体发生相同的变形破坏。

6. 其他变形破坏

1) 施工期降水前后渠底膨胀岩土湿胀变形

在施工过程中渠底基面最易受到外部各种因素改造的影响,如雨水浸泡、重型车辆反复碾压等。在干地施工条件下,基面经车辆反复碾压易形成坚硬状硬壳。一旦含水量较低的坚硬膨胀土被改性土换填覆盖并浇筑混凝土面板后,容易出现渠底吸湿膨胀变形。

2) 总干渠内水外渗膨胀岩土湿胀变形

由于工程实施过程中难免出现局部渠道塑膜达不到设计强度的问题,在渠道运行过程中,塑膜强度较低的部位可能会出现渗透水的现象。在水的作用下会出现塑膜破坏,并且破坏区域逐渐扩大,岩土含水量提升,从而导致基础岩土出现含水量变化,引起膨胀岩土湿胀变形,进而出现变形破坏。

4.1.2　膨胀土(岩)渠道抗滑稳定问题

综合膨胀岩土岸坡变形及破坏形式,膨胀岩土边坡存在浅层或深层的破坏,表现为膨胀岩土体膨胀变形,岸坡溜、塌、滑出现水平变形和垂直变形。

渠道总干渠的安全运行亦面临着如下问题:由膨胀岩土特性引起的渠道结构变形与破坏问题;由渠基膨胀土变形影响的渠道混凝土衬砌板等结构变形与破坏问题;渠道渗漏、地下水位抬升、膨胀土处理措施局部失效或其他可能引起渠道膨胀岩土变形与破坏问题。

4.2　渠道安全监测设备及选型

4.2.1　安全监测目标

膨胀岩土边坡变形与破坏主要原因是土层的抗剪强度随时间而衰减,而这种抗剪强度的衰减主要是膨胀土的内在因素和某些外部诱发条件共同促成的,因此总干渠膨胀岩土渠道安全运行面临着诸多变形破坏问题,需进行安全监测,达到如下目标:①监视总干渠边坡、渠堤的安全运行,全面反映整个工程的状况,给工程正常安全运行提供支持;②根据施工期监测资料,掌握施工期渠道状况,验证施工工艺合理性,并及时反馈设计,满足渠道施工要求,对可能发生的险情提前预报;③根据长期监测资料验证设计成果的正确性;④为以后的工程设计理论和监测技术的发展积累资料。

监测内容包括巡视监测、变形(位移、沉降)监测、渗流监测等,以变形和渗流监测为重点。

4.2.2　监测设备及选型要求

监测措施应全面、可靠、适用、精确、方便、经济、迅捷,力求先进和便于实现自动化监测。所获监测资料能够显而易见地反映监测部位的实际状态和发展趋势。要综合考虑监测设施的耐久性、自动化性能及稳定性等因素。

监测内容包括巡视监测、变形(位移、沉降)监测、渗流监测等,以变形和渗流监测为重点。

仪器选型:选用的仪器要保证长期稳定可靠,精度高,观测方法简单,便于实现自动化观测。

4.2.2.1　渠道位移变形监测

表面位移监测是膨胀土(岩)渠道监测的重要内容,通常膨胀土(岩)渠道的滑动面较浅,浅表层土体活动明显,可通过表面位移监测来判断变形的方向和趋势。通过深部位移监测则可以判断变形的位置和滑动趋势。主要采用埋设表面变形监测点、测斜管来监测渠道表面和内部变形。

1. 渠道表面变形监测

在渠道边坡表面设置垂直位移和水平位移的位移标点,进行表面变形监测。水平位移观测采用三角网法进行,一般采用精密经纬仪观测。垂直位移采用二等精密水准进行观测,监测的方法和要求见表4-1和表4-2。

表4-1　表面垂直位移监测方法和要求

监测方法	依据规范	采用仪器	监测部位	水准等级	闭合差要求
水准法	GB 12898	全站仪 DS-1 水准仪	测站	二等水准测量	$\pm n^{1/2}$ mm,n 为测站数
			起测基点	二等水准测量	$\pm 0.72 n^{1/2}$ mm

表4-2　表面水平位移监测方法和要求

监测方法	采用仪器	监测条件	技术方式	监测方向	误差要求
视准线法	全站仪 J1 经纬仪	视准线>500 m	小角度法	横向	测微器两次重合读数之差≤0.4″,一测回中,正倒镜小角值差≤3″,同一测点,各测回小角值差≤2″
三角网前方交会法	全站仪 J1 经纬仪	全圆测回法 ≥4 个测回		横向	半测回归零差±6″,二倍视准差之互差±8″;各测回的测回差±5″

表面变形监测设备及要求如下:

(1)位移观测标点(含水平和竖直)。用于渠堤水平竖向位移测点的观测,主要采购部件为强制对中基座和观测墩保护盖。强制对中基座必须是高精度和不锈钢的产品,观测墩保护盖采用钢板喷塑。

(2)水准仪。用于测量垂直位移。其主要参数为:每千米往返高差标准差优于±0.4 mm,配备钢钢条码尺。

(3)经纬仪。用于测量建筑物的水平位移。为电子经纬仪,测角精度 0.5″。

(4)全站仪。用于测量水平位移。其主要参数为测角精度 0.5″,测距精度 1 mm+1 ×10^{-6}。

2. 渠道内部变形监测

膨胀岩土渠道变形监测除表面垂直、水平位移监测外,还应进行深层位移监测,其中深挖方边坡一般采用测斜管配振弦式固定测斜仪、振弦式多点位移计实现其内部变形监测,全填方段则采用振弦沉降仪、振弦土体位移计实现其内部变形监测。为监测渠道基础变位情况,在渠道底板钻孔安装两点位移计。观测方法及要求见表4-3。

表 4-3　渠道内部监测方法和要求

监测项目	采用仪器	测量范围	精度要求
分层竖向位移监测	振弦式沉降仪	0~150 mm	≤0.1%F·S
深层水平位移监测	振弦式固定测斜仪	±53°	≤0.02 mm/500 mm
	土体位移计	0~150 mm	≤0.1%F·S
深层变形监测	振弦式位移计	0~100 mm	≤0.1%F·S

渠道内部变形监测设备及要求如下：

(1)位移计。用于监测岸坡坡体内部较大的相对位移的传感器，渠道工程用位移计：采用不锈钢测杆，液压锚头(软基采用)，灌浆锚头(岩基采用)，3测点或单测点，钻孔深度 20~50 m(钻孔方向竖直和水平)，测量范围 200 mm。分辨率不低于 0.02%F·S，精度不低于±0.1%F·S，温度测量范围不小于−25~60 ℃。稳定性好，采用振弦式仪器。

(2)固定测斜仪。用于测定钻孔倾角和方位角的原位监测仪器，主要技术指标为：量程±10°，精度≤±0.1%F·S。温度测量范围−25~60 ℃，温度测量精度≤±0.5 ℃。固定测斜仪采用国际知名品牌传感器和国际知名品牌测斜管。

(3)测斜仪管。用于测斜仪的导向及定位。测斜管材质为 ABS。

(4)移动测斜仪。用于渠道岸坡工程测定钻孔倾角和方位角，主要技术指标为：滑轮基距 0.5 m；传感器：2 个力平衡伺服加速度计，范围(100%F·S)±50°，满刻度输出±5VDC，分辨率 0.005 mm/0.5 m，线性度 0.02%F·S，重复度 0.02%F·S，系统总精度±7 mm/30 m，温度范围−20~80 ℃，温度系数 0.002%F·S/℃，安全振动 1 000 g。采用进口伺服加速度仪器。

(5)测斜仪读数仪。用于测斜仪测量读数，须与相应移动测斜仪配套，0~320 m。

4.2.2.2　渠道渗透变形监测

渠道渗透变形监测内容包括渠堤浸润线、渠道渗透流量、渠基渗透压力及渗水浑浊度监测。在上述重点监测断面渠道基础及建基面均布设渗压计监测渠基渗透压力，渗水浑浊度通过人工巡视检查。

渠堤、边坡渗流压力及地下水位(浸润线)观测采用埋设振弦式渗压计的方式进行，方法和技术要求见表 4-4。

表 4-4　渗流压力及地下水位(浸润线)监测方法和要求

监测项目	采用仪器	测量范围	测次	精度要求
水位监测	振弦渗压计	0~600 kPa	平行测读两次	≤0.2%F·S
孔隙水压力监测	振弦渗压计	0~600 kPa	填方每升高 5 m 或 10 d 监测一次，或在地震期间	≤0.2%F·S

渠道渗透变形监测设备及要求如下：

(1)渗压计。渗压计也称作孔隙水压力计，测量结构物或土体内部的渗透(孔隙)水压力,并可同步测量埋设点的温度,按仪器类型可以分为差动电阻式、振弦式、压阻式及电阻应变片等。工程主要技术指标为:量程范围 0.35~0.7 MPa,分辨率不低于 0.025%F·S,精度不低于±0.5%F·S。温度范围不小于−20~60 ℃。稳定性好,采用振弦式仪器。

(2)测压管。用于测量堤防地下水位和浸润线。测压管材质为镀锌钢管。

4.2.2.3　人工巡视检查

依据《土石坝安全监测技术规范》(SL 60)的要求,用常规方法(眼看、耳听、手摸或辅以锤、钎、钢卷尺、放大镜等简单工具)对工程表面和异常现象进行检查,也可以用特殊方法进行检查,即采用开挖探坑、潜水员探摸等方法,对工程内部、水下部位或堤基进行检查,并做好记录。

部分工具及要求如下:

(1)千分尺。采用电子千分尺,主要技术参数:测量范围 0~100 mm,精度 0.001 mm。

(2)游标卡尺。主要技术参数:测量范围 0~300 mm,精度 0.02 mm。

(3)照相机。主要技术指标为:对焦范围不低于 50 cm 至无穷远;光圈范围 ≥F2.8~F4.9;光学变焦 ≥3 倍;近拍距离为 5~50 cm(广角),30~50 cm(长焦);镜头性能为 $f=$ 7.7~23.1 mm;有效像素数(万个) ≥1 200;附带存储卡容量 2 G。

(4)摄像机。主要技术指标为:感光器像素(万个)不小于 331;光学变焦倍数不小于 10;镜头性能为高精细镜头,$f=5.1~51$ mm,$F=1.8~2.9$;数字变焦倍数不小于 120;随机闪存不小于 30 G1.8 in 硬盘;有红外夜摄功能;液晶显示屏标准不低于 2.7 in,16:9宽屏混合型液晶屏(12.3 万像素)。

4.2.2.4　其他辅助设备

1. 振弦读数仪

读数仪用于配合传感器的数据采集。要求读数仪能在各种气候条件下测读数据,并带有充电器接口、RS-232 接口、通信软件和数据存储功能。测量精度要求 0.01%,激励范围 400~6 000 Hz,温度范围不小于−20~70 ℃。

2. 自动集线箱

本装置用于将各仪器电缆集中接在它的接线插座上,通过转换开关接向读数仪,以便对各仪器进行观测的装置。要求采用不锈钢防潮机箱,并能与各传感器电缆配套。要求 32 通道。

3. 集线盒(端子盒)

放置在室外的带底座集线盒,防护等级 IP65。集线盒由 C10 混凝土底座、集线盒等构件组成,集线盒长 1 m、宽 0.5 m、高 1 m,铁皮(厚度不小于 3.5 mm),做防锈处理,配置不少于 10 个端子接头。

4. 电缆

接振弦式仪器所用电缆应耐酸、耐碱、防水、质地柔软,其承受水压为 1.0 MPa 时,绝缘电阻应 ≥100 MΩ/km。4 芯或 10 芯电缆芯线在 200 m 内无接头,要求与各类仪器配套。其具体指标如下:

(1)电缆类型:双绞屏蔽电缆。

(2)芯线面积 ≥0.35 mm^2。

（3）芯线材料：铜芯镀锡，带聚丙烯绝缘。

（4）工作温度：-20~60 ℃。

（5）屏蔽材料：铝锡箔或高密铜网。

（6）护套材料：挤压高密度聚乙烯。

（7）护套厚度：大于 1.65 mm（必须满足工程要求）。

（8）护套耐压：10 MPa。

4.3 监测仪器布置原则、埋设方法及典型监测断面布置

4.3.1 监测仪器布置原则与埋设方法

安全监测仪器设备的埋设安装必须严格按照设计图纸、通知和相关的技术规程规范执行，并接受现场监理人员的指导与监督。

（1）各种监测仪器须在仪器安装埋设的土建工程施工完成，经验收合格后，才能安装埋设。

（2）仪器安装就位经现场监理检测合格后，方可浇筑混凝土。

（3）埋设仪器周围的混凝土要用人工或小型振捣器小心振捣密实，防止损坏仪器。

（4）仪器埋设过程中应随时对仪器进行检测，确定仪器是否正常。

4.3.1.1 渠道表面监测布置

渠道表面采用位移观测标点进行观测，位移观测标点的具体布置为：填方渠段设置在堤顶、内坡和外坡的一级马道上，深挖方渠段设置在各级马道上以及地面上，水平位移（垂直位移）测点的位置。

1. 工作基点的安装埋设

工作基点是对监测点进行周期性监测的基准，点位应设置在待观测点均通视的稳定区域内，测点应设观测墩，墩顶必须安装不锈钢强制对中基座，测点墩埋设时应保持立柱铅直，墩顶强制对中底座水平，其倾斜度不得大于 4′。标石应采用《国家一、二等水准测量规范》（GB 12897）附录 A7 混凝土普通水准标石埋设。

2. 水平竖向位移测点的安装埋设

（1）水平竖向位移测点采用预留槽法埋设，埋设时将标点放入槽内，槽顶用钢盖板封闭，并加锁具以策安全。

（2）要求标点头高出预留槽底混凝土表面 5~10 mm。

4.3.1.2 深层位移监测布置

渠道变形除表面垂直、水平位移监测外，还应进行深层位移监测，高边坡膨胀岩土渠段采用测斜管配振弦式固定测斜仪（或测斜管）、振弦式多点位移计实施其内部变形监测。测斜管布设于深挖方岸坡距离坡顶较近马道位置，略深于渠底；两点位移计布设于渠道一级边坡及渠底衬砌板齿墙附近位置。

1. 测斜管

（1）钻孔终孔直径为 110 mm。钻孔位置、孔深和倾角按设计图纸所示施钻。钻孔铅

直度偏差在 50 m 内不得大于 1°,孔位偏差不得大于 20 cm。

(2)测斜管在安装前应逐根进行检查,不合格的测斜管严禁使用。测斜管的连接要使导槽对齐,防止扭偏。

(3)测斜管采用 ABS 管,安装时其每 3 m 管长垂直角不得超过 1°。

(4)测斜管安装完毕,属混凝土结构内的,用水泥砂浆进行全孔灌浆。应采用强度不低于 42.5 的普通硅酸盐水泥的普通硅酸盐水泥,其参考水、砂、水泥之比为 0.6∶1∶0.5。待水泥砂浆凝固后安装孔口装置。属黄土边坡内的,则采用 0.6∶1(水∶泥)泥浆用灌浆机自下而上进行全孔灌浆,或采用干净粗砂兼孔口灌水的方法进行填充,要求孔内填充料必须密实。若用砂料封孔,孔口 2~3 m 必须用水泥砂浆或泥浆封孔。

(5)钻孔倾斜导管的接头及底部管帽必须密封牢靠,防止灌浆时浆液进入管内。

(6)安装时应使导管的一对导槽平行或垂直于边坡倾斜方向。

2. 固定测斜仪

(1)连接保险绳,根据需要连到底部滑轮带螺丝孔的部件,保险绳可选用尼龙绳或合适的钢丝绳。

将第一段连接管接到底部滑轮组件上,这段管的长度以设计的尺寸为准(某些情况下,两根管用特殊方法连在一起)。用配套的螺丝、螺母连接安装,并将安装好的螺纹缩紧。

注意:连接管公差要适应紧配合。若螺丝不能通过连接处,要用钻扩孔。

接下来连接下一支仪器组件。

(2)单轴系统。一般传感器按指定方向连接在滑轮组件上,这样固定导轮表示倾斜的正方向。正方向倾斜的读数应是增加值,即 A+方向。

(3)双轴系统。顶部传感器通常与轮件连接,固定轮表示倾斜的正方向。

底部传感器连接在顶部仪器顺时针旋转 90°的位置,就是 B+方向。

用螺栓和螺母将两传感器连在一起。注意螺栓孔要留有一些宽裕度,以便对传感器进行人工调准(不必调得非常精确)。

两传感器接好后,底部传感器连到事先预备好的仪器连接器。此后将组件放入测斜管中,顶部轮件指向 A+方向。通常(建议使用)A+方向与预期的位移方向一致,也就是被监测的开挖方向,或者在监测边坡的稳定性时偏向下坡的方向。确保底部轮件和万向节也按该方向连接。

在测斜管上端组件固定的同时,将另一组传感器、滑轮组件和万向节连接并降至同一方向。这时系统重量已经很大,组装时要用夹子支撑以免测线仪组件掉入孔中。建议将组件用绳子拉住,也便于传感器的检查、维修或回收。

继续添加剩下的仪器连接管、传感器、滑轮组件,直到安装完最后一个传感器。这时,顶部托架必须与上部的滑轮组件(或仪器连接管)相连接。组件与滑轮(或管)用螺栓连接方法同前,然后降至顶部托架的位置。测斜管口必须相对平直,以防对顶部传感器轮件的干扰。

传感器就位后,连接电缆至读数点,并进行终端连接或固定。安装完毕可以立即读数,但建议记录初始读数前系统先稳定几小时再采集读数。

3. 位移计

1) 钻孔

(1) 多点位移计采用钻孔法埋设,在仪器埋设部位开挖完成后按设计的孔向、孔深钻孔,钻孔孔径 110 mm。钻孔偏差应小于 1°,孔深比最深测点深 1.0 m,孔口保持稳定平整。

(2) 钻孔要求孔壁光滑、通畅,孔口扩大段应与孔轴同心,钻孔完成后用清水将钻孔冲洗干净,严防孔壁沾油污。

2) 仪器组装

(1) 按设计的测点深度,将锚头、位移传递杆和保护管与传感器严格按厂家使用说明书进行组装,其传递系统的杆件保护管应胶接密封,传递杆、灌浆排气管每隔一定距离用胶带绑扎固定。

(2) 组装过程中每个锚头都要绑有安全绳,以便必要时,可将测杆拉回,同时做好测杆编号标记,以防混淆。

3) 仪器安装

(1) 组装的位移计经现场检测合格后,缓慢送入孔中,用水泥砂浆密封孔口,保证测头基座与孔壁之间要密实。

(2) 对于岩基基础,在孔口水泥砂浆固化后,进行封孔灌浆,水泥砂浆灰砂比为 1:1,水灰比为 0.5,灌浆压力不大于 0.5 MPa,灌至孔内停止吸浆时,持续 10 min 结束,确保最深测点锚头处浆液饱满。

对于软岩、卵石、土基灌浆材料,根据现场试验确定灌浆材料及比例,原则为灌浆材料固结之后压缩模量要与周围基础压缩模量相近。

(3) 灌浆完成待水泥砂浆达到初凝状态后,进行电测基座和位移计的安装。

(4) 安装完毕并检测合格后,安装传感器保护罩,并上紧固定螺栓。

4.3.1.3 渗流变形监测布置

渠堤、边坡渗流压力及地下水位(浸润线)观测采用渗压计和测压管的方式进行,布置原则为:高地下水渠段设置在渠坡与渠底,渠坡位置渗压计一般低于设计地下水位,渠底渗压计一般布设于坡脚与渠底中心位置;地下水位较低渠段仅布设于坡脚与渠底中心位置。

1. 渗压计

渗压计埋设采用钻孔法,在渗压计埋设位置附近基础处理完成后钻孔埋设。

1) 钻孔

(1) 钻孔直径为 130 mm,平面位置误差不大于 10 cm,孔深误差不大于 ±20 cm,钻孔倾斜度不大于 1°。

(2) 土层造孔时采用干钻,套管跟进;基岩、砂层或砂卵石层造孔时采用清水钻进,严禁用泥浆固壁,造孔过程中为了防止塌孔可采用套管护壁(若估计套管难以拔出,可预先在监测部位的套管壁上钻好透水孔)。

(3) 造孔过程中应连续取芯,并对芯样作描述,记录初见水位、终孔水位,造孔完成后应测量孔深、孔斜并提出钻孔柱状图。

2) 埋设准备

(1) 渗压计现场安装前外壳及透水石须在清水中浸泡 24 h 以上,使其充分饱和。

(2)加工砂囊[用土工布和过滤料(中、粗砂)]并用细钢丝将砂囊固定在仪器及电缆上。

3)安装、埋设

(1)安装在测压管内的渗压计用1.2 mm钢丝悬吊,慢慢放入孔内,下放时仪器应靠近孔壁以便于人工比测。仪器就位测值正常后,将钢丝固定在电缆保护管管口处的钢筋上,钢筋呈十字交叉焊于管口处,仪器电缆绑扎在钢丝上,每隔1.5 m绑扎一处,电缆应保持适当的松弛,仪器安装无误后,尽快安设管口保护装置。

(2)在结构物底部埋设的渗压计按照设计图纸和相关技术规范执行。

(3)埋设在建筑物两侧的渗压计按照相关技术规范中深孔内渗压计埋设方法进行。

2. 测压管

钻孔偏差应小于1°,测压管宜选用ϕ50 mm热镀锌钢管制作,具体加工制作的技术要求可参照相关技术规范执行。进水口长度1 m,外包裹反滤无纺布,管周回填粗砂反滤料。

在钻孔完毕应尽快安装测压管,首先应将钻孔套管底部0.5 m段回填碎石,其次将测压管放置就位,在透水管段应回填粗砂、中砂等透水材料,期间每回填一种材料后应在回填段加入足量的水使回填料保持密实均匀。在透水段上部应回填0.5 m厚的膨润土以达到阻水效果,为方便起见最好采用膨润土颗粒进行回填。最后,在膨润土以上的管段回填水泥黏土的混合浆料,不宜采用纯水泥浆或纯泥浆回填。

4.3.2　典型监测断面布置

4.3.2.1　典型渠段膨胀岩土处理

某段设计桩号63+646.3~64+372中膨胀土(岩)渠段,渠道挖深15~38 m,中膨胀性的黏土岩分布在地层下部渠底及渠道一级边坡,上部为黄土状重粉质壤土及重粉质壤土,局部夹杂泥灰岩及砂岩。本段地下水位较高,高于渠底10~20 m。

典型断面63+857地质横剖面见图4-1。

考虑裂隙面的存在,计算分析最终搜索最危险滑裂面见图4-2,经计算,抗滑桩采用桩径2×3 m,桩长26 m的C25钢筋混凝土方桩,桩间距6 m。

本段抗滑桩具体设置如下:设计桩号63+646.3~64+372,设置钢筋混凝土方桩,桩径2×3 m,桩长26 m,桩间距6 m,抗滑桩设置在一级马道,同时为防止渠坡浅表层破坏,整段渠坡位置采用换填改性土处理,改性土采用合格土料掺5%水泥,换填厚度为坡顶2 m,坡底厚3 m,渠底2.5 m,一级马道以上膨胀土部分渠坡为防止浅层破坏换填黏性土2 m。

由于本段地下水位较高,高于渠底20 m左右,需要在换填改性土后设置排水系统。排水系统采用自流内排,排水管网+逆止阀的形式。通过对排水能力的复核,逆止阀间距按8 m布置。在渠坡及渠底换填层下各布置两排纵向集水暗管,集水暗管采用ϕ250 mm软式透水管,软管周围设粗砂垫层,集水暗管通过UPVC波纹管ϕ100与逆止式排水器相连。同时渠坡换填层下设排水网垫集水,排水网垫横向铺设,宽0.3 m,间距1.2 m,渠底换填层下设置10 cm砂砾料垫层集水。

对于二级边坡、三级边坡,采用设置排水孔的措施加强排水。排水孔采用ϕ100 mm孔径,内置UPVC花管,管外采用土工布反滤,孔深10 m,仰角50,每级边坡设置两排,间距3 m,交错布置。典型断面63+857处理措施示意图见图4-3。

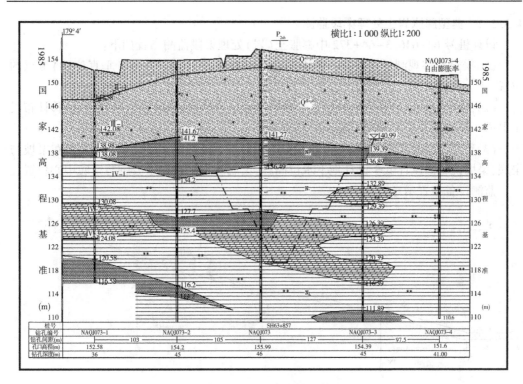

图 4-1 63+857 地质横剖面图

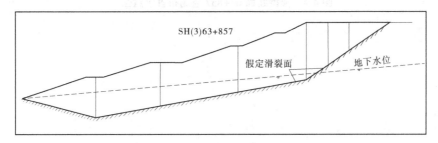

图 4-2 63+857 滑坡推力计算示意图

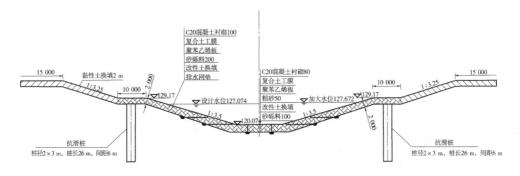

图 4-3 典型断面 63+857 处理措施示意图

4.3.2.2 典型膨胀岩土处理渠段监测

设计桩号63+646.3~64+372中膨胀土(岩)处理渠段监测布置如下:

(1)渠道位移观测标点设置在各级马道上以及地面上,水平位移(垂直位移)测点的位置。

(2)测斜管布设于深挖方岸坡距离坡顶较近马道位置,略深于渠底;两点位移计布设于渠道一级边坡及渠底衬砌板齿墙附近位置。

(3)渠堤、边坡渗流压力及地下水位(浸润线)观测采用渗压计,渗压计设置在渠坡与渠底,渠坡位置渗压计低于设计地下水位高程,渠底渗压计布设于坡脚与渠底中心位置。

监测设备布置示意图见图4-4。

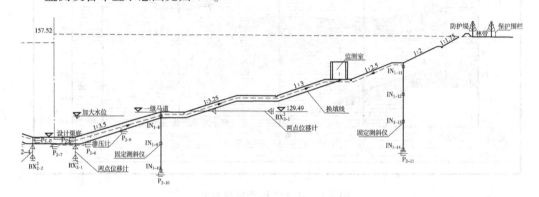

图4-4 典型断面63+857监测布置示意图

第 5 章 膨胀土(岩)渠段的工程现状及 南水北调中线膨胀土(岩)渠段概况

5.1 膨胀土(岩)边坡的破坏特征及研究现状

5.1.1 膨胀土(岩)边坡的破坏特征

5.1.1.1 膨胀土(岩)的工程特性

膨胀土(岩)是含有大量亲水矿物、湿度变化时有较大体积变化、变形受约束时产生较大内应力的岩土,胀缩性、裂隙性及超固结性是膨胀土(岩)的三大工程特性。

膨胀土(岩)的胀缩特性主要受其黏土矿物成分及含量控制,而外界的湿度变化仅仅是提供了胀缩变形的环境。根据目前的研究成果,蒙脱石、伊利石是引起黏性土胀缩变形的主要矿物成分。膨胀土(岩)的这种胀缩特性受其内的水分状态控制,而渠坡膨胀土(岩)的水分状态主要受气候条件和渠水水位及渗漏情况所控制。这些控制因素的交替变化,造成膨胀土(岩)的反复膨胀和收缩,最终导致膨胀土(岩)土体松散,在其中形成许多不规则的次生裂隙,并使其中的原生裂隙进一步扩张,形成了错综复杂的裂隙网络,破坏了膨胀土(岩)土体的完整性,为雨水入渗和水分蒸发提供了条件,进而为渠坡表面的膨胀土(岩)的进一步风化创造了条件,促进了土体内水分的波动和胀缩现象的发生,使裂隙面进一步扩张,并向深部发展,使该部分土体强度大为降低,形成风化层。

膨胀土(岩)具有特别发育的裂隙,按照裂隙的成因把膨胀土(岩)中的裂隙分为原生裂隙和次生裂隙两种:原生裂隙指在成土过程中形成的裂隙,包括沉积层理、原始地面的干缩裂隙再充填、不整合面、构造裂隙等,一般为垂直(或陡倾角)裂隙和缓倾角或近水平裂隙,长度大小不一,一般为数厘米至数十米,对边坡的稳定性起控制作用。次生裂隙是指土体受干湿循环、卸荷作用等产生的裂隙。干湿循环裂隙是指膨胀土(岩)浅表层受大气影响湿胀干缩产生的随机性裂隙,卸荷裂隙是由土体中应力释放和调整而产生的,比如膨胀土(岩)渠道开挖卸荷,在南阳膨胀土中较常见。土体吸水膨胀裂隙闭合,失水张开。裂隙面吸水软化,强度随之降低。因为裂隙的存在给水分的入渗提供了通道,在裂隙邻近区域形成低强度带。裂隙使土体成为不连续体,破坏了土体的结构性和均一性,从形态上分为垂直裂隙、水平裂隙和斜交裂隙。此外,尚存在软弱结构面。在这些软弱结构面上,大多充填有灰白黏土薄膜和条带,裂面光滑,含水量大,抗剪强度低。

膨胀土(岩)的超固结性是指土体的剪应变软化,即剪应力超过抗剪强度后,剪切面上的抗剪强度明显降低。使渠坡土体开挖后,在某一小区域内破坏后,剪应力向四周迅速转移,导致破坏区域不断扩大,形成渐进性破坏。另外,超固结性还表现为有明显的卸荷与剪切膨胀性,渠道开挖导致平均主应力降低,剪应力增加,从而土体膨胀引起负孔隙压力,加速水的入侵,土体性质恶化,强度降低。

膨胀土(岩)的"三性",即胀缩性、裂隙性和超固结性,是相互联系、互相促进的。而"三性"中的胀缩性是根本的内在因素,裂隙性是关键的控制因素,超固结性是促进因素。开挖卸荷和因气候变化引起的含水量变化是外部诱发条件和主导因素。另外,含水量的增加会急剧降低土的吸力,也会使土软化,同时削弱超固结作用。

5.1.1.2　膨胀土(岩)边坡的破坏特征及工程实例

膨胀土(岩)的分布具有明显的气候分带性和地理分带性,我国是世界上膨胀土(岩)分布范围最广、面积最大的国家之一,胀缩性土以珠江流域、长江流域、黄河流域、淮河流域等各干支流水系地区(广西、云南、湖北、河南等地)分布最为广泛。膨胀土(岩)在天然状态下常处于非饱和状态,对气候和水这两个因素有较强的敏感性,这种敏感性对工程建筑物会产生严重的危害。膨胀变形引起建筑物的破坏形态繁多,几乎无所不包。膨胀土(岩)给工程建筑物带来的危害,既表现在地表建筑物上,也反映在地下工程中。它不仅包括铁路、公路、渠道的所有边坡、路面和基床,也包括房屋基础、地坪,同时包括地下洞室及隧道围岩、衬砌。甚至还包括这些工程中所采取的稳定性措施,如护坡、挡土墙和桩等。而且这种破坏常常具有多次反复性和长期潜在的危害性,采取工程措施后常使工程造价显著提高,因而国际工程界称膨胀土(岩)为"隐藏的灾害"或"难对付的土"。

膨胀土(岩)的特性使得膨胀土(岩)边坡的破坏形式也有其特殊的规律,根据对国内外膨胀土边坡滑动现象的分析,当前对膨胀土(岩)边坡的破坏特征有如下认识:

(1)浅层性。表现为滑坡的发育深度同各地膨胀土的裂隙发育深度及大气风化影响深度基本一致,通常小于 6 m。

(2)逐级牵引性。滑坡先在坡脚局部破坏,然后自坡脚逐级向上牵引发展,形成多层次滑动面。

(3)缓坡滑动。膨胀土渠道的稳定边坡比一般边坡要缓,坡比缓于 1:5 的膨胀土渠坡均有失稳的例子。

(4)季节性。膨胀土边坡失稳绝大多数发生在大雨期间或雨后,可见降雨是主要的外部诱发因素。

膨胀土(岩)对于渠道工程的影响主要体现在两个方面:其一是影响渠坡稳定,在大气影响深度范围内,极易形成牵引式的浅层滑坡,或者形成由结构面控制的深层滑坡,这种危害具有反复性;其二,膨胀土(岩)胀缩变形对渠道衬砌和其他结构物的破坏,造成渠道漏水,并进一步导致渠坡稳定状态的恶化。当年修建南水北调陶岔渠首引渠时就遇到膨胀土地层,在膨胀土边坡较缓的情况下仍相继发生了 13 处大滑坡,虽经采取放缓边坡、局部支挡、抗滑桩加固等工程措施处理使膨胀土边坡得以稳定,但其耗费的财力、物力已远远超出工程预算,同时还引起了新的工程占地及环境保护等问题。

1. 已有工程实例

1)国外膨胀土地区渠坡滑动现象及处理方面实例

(1)美国弗里昂特-克恩渠道是加利福尼亚中部流域规划工程中的一部分,该渠系于1945~1951 年修建,渠道长 245 km,渠线有 1/3 横跨膨胀土地区,该段渠道约有一半用土衬砌,其余部分用混凝土衬砌。投入运行 3 年后,膨胀土地区的混凝土衬砌和土衬砌都开始裂缝、滑坡和塌陷,尤其是土衬砌的渠段渠坡滑坡频繁,维修渠道边坡成为一个费时费钱的大问题。采用的电化学处理、削坡以及在渠坡上抛石等几项稳定边坡的措施均告无效。经分析,膨胀土渠坡随着含水量的变化而膨胀和收缩造成的体变,使渠道衬砌破坏。由于膨胀土吸收水分在水线以下可能出现较低的密度和强度,而在水线以上则发生收缩,形成几尺深的裂缝,导致抗剪强度丧失,结果使渠道边坡变得不稳定而产生滑坡,故在20世纪70年代初,美国垦务局决定清除几段渠道衬砌,削缓渠道,并用压实的土-石灰混合料(0.6 m厚)重新衬砌该段渠道,以期稳定渠坡,这种措施取得了显著成效。

(2)印度普恩拉灌溉工程是马哈拉施特纳邦境内较大的工程,其中衬砌的渠道长约42 km。有4条支渠,其中有的支渠全部通过膨胀黑绵土地区,有开挖渠段和用膨胀黑绵土填筑的渠段,渠道用混凝土衬砌,坡比1:2。工程修建于1955年,于1968年建成。自渠道建成以来,在黑绵土地区的渠段每年都有滑坡发生,衬砌破坏严重,致使渠道常常发生堵塞,成为影响灌溉效率的主要原因。在修复时,试图用干砌石护坡重建渠道,该措施无效,滑坡继续产生。至1982年,采用人工夯实当地的砾石红壤土料重新修建渠道,并铺石衬砌表面。如此处理后,渠道稳定运行。在印度的膨胀土地区的渠道,大多采用一种称为非膨胀黏土层技术来维修膨胀土渠道,其方法是削缓膨胀土渠坡并在渠顶、渠坡和渠底铺设1 m厚的凝聚性非膨胀土材料,并要按最优含水量和最大干密度予以填筑。据报道效果很好。但在缺乏合格材料的地区无法使用,另外渠道的挖、填方工作量很大,造价较高,难以推广。

2)国内膨胀土地区渠坡滑动现象及处理方面实例

(1)陶岔渠首引渠。总干渠陶岔引渠渠首位于南阳盆地膨胀土地区,1969年施工开挖到渠底时,相继发生了13处大滑坡,其原因除膨胀土外,还与地层中存在软弱结构面有关。后来在坡脚采用浆砌块石拱和直径1 m的抗滑桩支挡,并放缓边坡至1:4才保持了边坡的稳定。

(2)引丹灌渠膨胀土渠坡处理。引丹灌渠位于河南南阳邓州、淅川、新野三县(市),是20世纪70年代修建的大型灌渠。渠道建成以来,连年滑坡不止,先后采用抗滑桩、挡墙、连拱梁等措施进行加固。1997年灌渠内发生一段长50 m、深6 m的牵引式滑坡,滑坡处理设计分别采用钢筋混凝土抗滑桩加浆砌石连拱支挡和单向土工格栅加HPC土壤固化剂等两种处理措施。2002年完工后,2003年汛期,由于长时间的降雨作用,抗滑桩加固的渠段在汛后继续发生滑坡,而采用土工格栅等措施加固的渠坡保持了稳定。从经济角度比较,后者的处理费用比前者节约了26%。

(3)湖北荆门漳河灌渠。全长18 km的总干渠填筑7座拦河大坝,开挖6道高岭,其中枣树店渠段全为膨胀土,施工过程中,按1:2坡比开挖时发生严重滑坡,后采用沉箱法处理,箱宽5.2 m、高3 m、厚0.45 m,辅以干砌石护坡。渠坡已放缓到1:3~1:4。

(4)安徽淠史杭灌渠。安徽是我国膨胀土分布广泛的地区之一,20世纪50年代是我国在房屋建筑工程方面的膨胀土科研基地之一,并取得了有意义的成果,在建筑工程方面基本消除了膨胀土的危害,但在开挖工程中,膨胀土灾害却有增无减。50年代安徽西部兴起大规模治淮工程,在膨胀土丘陵地带修建了著名的淠史杭灌渠,区内渠道纵横交错。但从50年代开始在一些渠道中相继发生滑坡。而大规模的滑坡发生于80年代,即渠道开挖后已经历了几十年的运行。截至 1990 年共发生较大规模的滑坡近 200 处。经济损失巨大,仅 80 年代中期治理费即在千万元以上。

该地区膨胀土渠坡失稳的特点:滑坡集中于岗地地段;滑坡深度一般小于 5 m;滑坡时间较集中,而且 50 年代开挖的边坡,70 年代以来滑坡逐渐增多,但大规模滑坡则发生在 80 年代;滑坡季节性强,多发生在雨季或雨季后。这些特点与其他膨胀土地区的开挖渠坡的滑坡规律有共同之处。这说明膨胀土地区的滑坡易于受到外界的诱发。

(5)广西上思那板北干渠。运行过程中发生严重滑坡,后根据坡高和滑坡形态采用不同处理方案:对挖深超过 7 m 的渠段,采用浆砌石拱式暗涵或双曲拱式暗涵;对挖深 4~7 m 的渠段,采用挡墙及反拱板,板厚 40 cm,并适当削坡、设置排水系统;对挖深小于 4 m 的渠段,作厚 30 cm 浆砌石护坡。部分渠段则采用膨胀土掺 8% 水泥作护坡材料,厚 20 cm,表面覆盖约 3 cm 水泥砂浆进行处理。

(6)四川都江堰东风灌渠。运行多年后渠道处于滑塌不稳状态,主要处理方法是减荷,放缓坡度,加宽平台。现有平台已宽达 10 m。

2. 南水北调中线试验段渠道滑坡

1)南阳膨胀土试验段滑坡

(1)弱膨胀土边坡滑坡。

弱膨胀土裸坡试验区长 100 m,右岸坡比为 1:2,渠坡高度为 7 m 左右。开挖施工至人工降雨前,渠坡稳定。第一次人工降雨后,右岸渠坡发生明显的变形,随后发展为滑坡。第二次降雨后,滑坡向后缘发展(见图 5-1)。经三次降雨试验,受先期滑坡的牵引,滑坡范围扩大并继续向上游扩展(见图 5-2)。从滑坡的地层条件和时间上看,该滑坡既不存在天然软弱层面或裂隙面,也没有经过坡面干湿循环,在开挖后即开展了人工降雨试验,应属于膨胀变形引起的滑动。

图 5-1　弱膨胀土试验区两次人工降雨后右岸滑坡

(2)中膨胀土边坡滑坡。

中膨胀土裸坡试验区左岸设计坡比为 1:2,坡高 11.84 m;右岸设计坡比 1:1.5,坡高 7.34 m。左岸未实施任何防护,右岸进行了植草。根据地质资料,该区渠坡土体主要为粉

图5-2 弱膨胀土试验区三次人工降雨后右岸滑坡

质黏土,土体的自有膨胀率为48%～139%,平均为75%,上部0～2 m土体微裂隙发育,2～5 m长大裂隙发育,裂隙充填灰白色黏土;5 m以下大裂隙发育,裂隙光滑,局部有铁锰质浸染。开挖过程中,该区左岸曾发生滑坡(见图5-3),滑面由裂隙面贯穿形成,是典型的裂隙引起的滑动。开挖完成后,进行人工降雨试验,左岸相继发生大小不等的坍塌和滑坡(见图5-4),每次滑弧的深度均在2 m以内,滑坡范围、破坏形态、滑面特征等都与开挖过程中的滑坡不同,呈现出明显的牵引式滑动,属于含水量变化产生膨胀变形而导致的浅层滑坡。

图5-3 中膨胀土试验区开挖过程中左岸滑坡

图5-4 中膨胀土试验区两次人工降雨后左岸滑坡

2)新乡潞王坟膨胀岩试验段滑坡

(1)试验1区边坡滑坡。试验1区左岸渠坡坡比为1:1.5,坡高15~17 m,地层为泥灰岩和黏土岩互层。人工降雨试验区域位于一级马道以下坡面,坡高9 m,沿坡面方向长16 m,沿渠道方向宽28 m。从2008年9月24日开始,3 d内进行五次降雨试验,最终在累计降雨约6 h后发生大面积滑坡(见图5-5)。滑坡上缘位于一级马道以下,坡面呈扇形展开。滑坡前缘宽13.2 m,后缘宽5.6 m,后缘跌高1.5 m,滑弧深度1.5 m。

图5-5　新乡潞王坟膨胀岩试验段试验1区左岸渠坡滑塌

试验1区右岸为黏土岩渠坡,坡高9~11 m,坡比1:2.5,设有一级马道。人工降雨区域位于一级马道以下坡面,坡高9 m,沿坡面方向长18 m,沿渠道方向宽28 m。共进行了三次人工降雨,每次分3~4 d,每天降雨6 h左右。除第一次降雨雨量为1.5 mm/h外,其余两次降雨雨量均为5 mm/h。三次降雨间隔15 d左右,以模拟干湿循环过程。从第二次降雨开始后,坡面开始出现跌坎和隆起变形,但尚未发生明显滑坡。第三次降雨2 d后,发现坡面变形加剧,有滑坡启动迹象,继续降雨后,坡面浅表层滑坡。据滑坡后最终变形测量的结果,渠坡浅层80 cm范围内水平位移达到30 cm以上,并形成明显的错动,同时在渠坡表面形成一道明显隆起的土梁。

试验1区发生滑坡后,进行了现场地质勘察及开挖,滑坡后缘和周边以及滑面上,均没有明显的裂隙或结构面存在,综合分析认为该滑坡不单纯是土体的强度降低所致,与降雨引起的边坡浅表层土体膨胀变形有很大关系。

(2)非试验区边坡滑坡。

2011年南水北调中线新乡潞王坟膨胀岩试验段桩号SY0+927~SY1+340渠道发生滑坡,该段挖深35 m左右,中等膨胀性。自开挖成型以来,历经2009~2011年三个雨季后,一级马道以上边坡发生多次、多期滑塌,现场照片见图3-11~图3-13。

从塌滑体三次滑动现场观测资料可以看出,塌滑体后缘的拉张裂隙、滑动体周边的剪切裂隙、滑动体后缘的滑坡壁和塌滑体的滑动面都与场区黏土岩等软岩岩体中的地质结构面(节理裂隙、层面或层间错动、软弱夹层等)密切相关。其中两组地质结构面的产状基本反映了塌滑体主滑动面的产状特点,结构面的走向与总干渠的走向基本一致,倾向与渠道边坡倾向一致,滑动面后缘倾角较陡,角度为65°~74°,滑动面中下部倾角渐变平缓,角度为17°~20°,小于渠道施工开挖边坡坡角27°~30°(1:1.75~1:2.0),低约10°。塌滑体前缘滑壁可见滑动擦痕,滑动面见有灰绿及灰白色斑状黏土岩矿物薄膜(或称泥化夹层)。滑动体岩性主要为黏土岩和砂质黏土岩,滑动面以下滑床岩性为棕红色黏土岩,分析认为该滑坡为非胀缩性裂隙控制下的滑坡。

3.南水北调中线建设期渠道滑坡

以上边坡滑动实例均为膨胀土(岩)原坡滑动,在南水北调建设期间某次暴雨后某段出现了膨胀土(岩)换填处理层滑动、衬砌板隆起、脱落现象,正是根据这次滑塌的原因分析,对南水北调中线膨胀土(岩)渠段设计方案进行了局部优化调整。

2010年8月23日汛期雨季排查发现某段渠道左岸有6处渠坡下滑,累计长度696 m。其中,左岸1+350~1+498及1+874~1+898段最为严重,边坡下部沿坡面滑动100~130 cm。破坏主要表现为衬砌板及换填土下滑、衬砌板及换填土拉裂、渠底坡脚换填土隆起等。渠坡失稳部位多位于坡脚以上2~4 m范围内,该部位局部可见宽约0.4 m、深约0.7 m的拉裂缝,在坡脚处滑移明显,渠坡失稳形式表现为牵引式下滑。现场照片见图5-6~图5-8。

图5-6　某段换填层失稳

图5-7　顶部呈现张拉裂缝

图 5-8　开挖后底部泥灰岩未发生滑移

　　经分析,膨胀裂隙发育导致上层滞水位的快速升高和坡脚土体软化是换填段渠道滑坡的主要原因。另外,总干渠南北走向,地形总体表现为渠道左岸高、右岸低,降雨后泥灰岩中的裂隙水在重力的作用下,表现为自左岸向右岸的径流趋势,也是左岸失稳情况相比右岸严重的因素之一。经过此次事件,在膨胀土(岩)渠坡设计中增设了换填层与原坡面之间的排水系统。

5.1.2　膨胀土(岩)边坡的研究现状

5.1.2.1　膨胀土(岩)边坡的破坏机制研究

　　从表面现象上看,膨胀土(岩)的滑坡多与降雨关系紧密,往往是在雨季一场降雨以后发生失稳。因此,大多数人认为膨胀土(岩)的滑坡机制是降雨引起土体强度降低,导致边坡失稳。然而,随着研究工作的不断深入,发现有些边坡在开挖过程中即发生破坏,有些边坡滑坡以后实测土体抗剪强度并不低,而且即使这些边坡按照土体的残余强度进行计算,其边坡安全系数仍然很高,造成了"采用经典边坡稳定分析方法得到的安全系数很大的边坡也常常失稳"的特殊现象。

膨胀土(岩)是一种随含水量变化而表现出显著胀缩变形的特殊性黏土,含水量的增大,将导致土体强度的降低和衰减,这一点是毋庸置疑的。然而一般黏性土边坡在含水量增高时强度也会降低,如果单从基质吸力变化的角度解释,基质吸力仅与土壤的含水量有关,也就是说,一般黏性土和膨胀土含水量与基质吸力的关系是相同的,其强度受基质吸力的影响也相同,那么,降雨为什么不会导致相同坡比的一般黏性土边坡失稳?进一步也可以联系到膨胀土表层干缩裂隙的产生和发展,但对新开挖的不同坡比的膨胀土(岩)边坡马上进行人工降雨其也会失稳。

为了探求膨胀土的失稳机制,"十一五"期间,有关学者在深入研究膨胀土(岩)土体特性的基础上,在河南南阳和新乡两地展开了膨胀土(岩)渠坡大型现场试验,根据现场试验和室内模型试验研究成果,结合数值模拟等多种手段,找到了膨胀土(岩)边坡产生破坏不同于一般黏性土边坡失稳的主要原因,首次明确提出了膨胀土(岩)边坡的两种破坏模式,即裂隙强度控制下的边坡失稳和膨胀作用下的边坡失稳。

裂隙强度控制下的边坡失稳,是指对于常设坡比的边坡,当非胀缩裂隙面倾向呈顺坡向时,裂隙面成为潜在滑动面,由于裂隙面强度偏低,边坡的下滑力超过抗滑力,边坡发生整体失稳。不是所有的膨胀土边坡都会发生裂隙强度控制下的边坡失稳,产生这种失稳的必要条件是边坡内存在非胀缩裂隙且裂隙倾向与边坡倾向基本一致,其稳定性取决于坡高和坡比、非胀缩裂隙面占潜在滑动面的比例、外部作用大小。该失稳模式的安全性分析仍可采用极限平衡理论分析方法,与常规极限平衡方法不同的是,需正确地模拟裂隙的空间分布,同时裂隙面取裂隙面强度,其余土体取土块强度。

膨胀作用下的边坡失稳,是指膨胀土(岩)边坡在降雨入渗等作用后,土中含水量增加,土体产生膨胀应变,边坡中的受水区及周边区域将产生应力重分布,边坡中剪应力增加,以至于土体破坏。当然,降雨引起的其他作用如同一般黏性土一样仍然是存在的,如基质吸力减小、强度降低、渗流力增加等。这正是对于较缓的边坡,一般黏性土边坡稳定而膨胀土(岩)边坡失稳的原因所在。对膨胀作用下的边坡失稳模式的稳定分析方法不能再采用极限平衡方法,而要采用能够考虑结构形变状态的有限元方法。膨胀作用可采用初始应变法分析。

膨胀土(岩)边坡的两种失稳模式是基本独立的。膨胀性引起的边坡失稳是浅层的,对于深部土体因所受应力的球应力较大,增湿引起的膨胀变形小(或无膨胀),在边坡深部不会引起土体破坏;裂隙强度控制下的边坡失稳实质上是由一个或多个裂隙面构成的潜在滑动面,其阻滑力低于下滑力造成的整体失稳。

5.1.2.2　膨胀土(岩)边坡稳定性分析方法研究

边坡稳定的分析方法主要有极限平衡法和有限元强度折减法。极限平衡分析理论的主要方法是将滑动土体进行条分,根据极限状态下土条受力和力矩的平衡来分析边坡的稳定性。有限元强度折减法即采用同时降低土性力学参数黏聚力 c 和内摩擦角 φ,直到土体单元破坏,则实际的抗剪强度参数和破坏时的抗剪强度之比即为所分析边坡的安全系数。

对新乡膨胀岩试验段试验 1 区滑坡进行分析,对于左岸渠坡,当土体强度取峰值强度平均值时,采用简化 Bishop 法计算得到的安全系数为 1.97,最危险滑弧位置显示为深层滑动,与现场推测滑动面为坡面以下 2 m 不符。若将坡面以下 2 m 范围内的土体强度全部取土体残余强度指标,采用简化 Bishop 法计算得到的安全系数为 1.20,仍然较高,渠坡处于稳定状态,与实际已发生滑坡不符。对于右岸渠坡,若土体强度取峰值强度平均值,采用简化 Bishop 法计算得到的安全系数为 4.63,即使黏土岩全部采用残余强度,采用简化 Bishop 法计算得到的安全系数为 1.52,表明该边坡的滑动不是单纯的强度降低所致。结合该处边坡水平位移的观测结果,可以认为,滑坡源于降雨引起的边坡浅表层土体膨胀变形。故对边坡进行极限平衡分析时,即便采用土体的最低强度也难以反映这种发生在浅层的膨胀土(岩)边坡破坏,应采用能够考虑结构变形状态的有限元方法,结合强度折减法,获得边坡安全系数,对边坡的稳定性进行合理评估。

南阳膨胀土试验段中膨胀土Ⅲ区、Ⅳ区分别为土工袋、土工格栅处理方案试验区。试验区坡比为 1:2,渠坡高度为 13~15 m,一级马道宽度 5 m,一级马道以下坡高 7 m。2009 年 5 月,中膨胀土Ⅲ区、Ⅳ区处理层及衬砌施工完成,渠道开始蓄水模拟运行。2009 年 6 月,通过预先埋设在渠坡内部的测斜仪发现渠坡变形异常,并在中膨胀土Ⅲ区、Ⅳ区左岸坡顶几乎同时出现长达数十米的拉裂缝,随后裂缝顺渠线方向发展,并逐渐贯通至整个坡顶。由于变形不断发展,该段渠坡最终采用挖除上部土工袋处理层和部分土工格栅处理层减载,放缓边坡至 1:3 左右,并在一级马道处打入 6 m 深的圆木抗滑桩加固处理后才暂时停止滑动。2010 年 4 月,水平位移突然加速增大,2010 年 5 月再次产生滑坡,滑坡范围扩大,并向上下游试验区发展。滑坡剪出口位于一级马道以下,渠坡衬砌局部隆起近 100 cm。对于膨胀土边坡的滑动机制,以往大多数解释为:降雨导致土体含水量增大、吸力降低,引起强度降低、滑坡。在本工程中,含水量探头监测结果显示,降雨仅引起浅层土体含水量明显增大,并未引起深部滑动面附近土体含水量的变化。降雨只是增大了边坡的滑动力,最终在裂隙面抗剪强度不足的情况下发生了破坏。针对以上滑坡,依据推测的滑动面,采用极限平衡法进行了反分析,反分析以安全系数 1 为目标,根据反分析得到的滑动面上的 c 和 φ 分别为 9 kPa 和 9°,与裂隙面实测强度参数比较接近,表明推测的滑动面是由膨胀土的裂隙面控制,所以对于裂隙强度控制下的滑坡可以采用极限平衡法进行分析,如新乡潞王坟膨胀岩试验段非试验区 2011 年桩号 SY0+927~SY1+340 渠道发生的滑坡,采用极限平衡法进行分析后,采用放缓坡比及加宽平台的处理措施,至今边坡稳定。

膨胀土(岩)边坡的破坏,不仅仅指原状边坡的破坏,也包括膨胀土(岩)边坡处理措施的破坏。在膨胀土(岩)边坡的处理中,无论是裂隙强度控制下的边坡滑动还是膨胀作用下的边坡滑动,均需在边坡表面一定厚度范围内对膨胀土(岩)进行覆盖,阻断膨胀土(岩)体与外界的水分交换,使膨胀土(岩)的含水量相对稳定,以达到控制膨胀土(岩)浅层滑坡的目的。但是,当渠坡的地下水位在枯水期和丰水期的变幅较大,渠坡内裂隙发育,在汛期遇到非常降雨而形成暂态渗流场时,由于渠坡土体与换填层渗透系数的差异,易在换填层与渠坡之间形成静态水头,且换填层与渠坡结合面如果结合不好,也易形成滑动结构面,则可能引起换填层的失稳。对换填层的稳定分析,目前有如下两种计算模型:

(1)基于换填层下原状坡体稳定的前提下,将换填层概化成刚性体进行抗滑稳定分析计算,采用力平衡法(极限平衡法的一种),其特点是静力平衡条件中只考虑土体是否滑移而不考虑是否转动。不考虑墙后土体引起的主动土压力,换填层受力分析如图5-9所示。

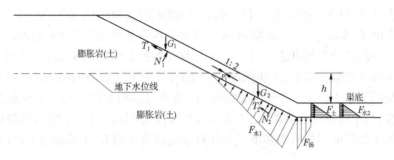

图5-9　力平衡法计算简图

(2)将换填层作为一个压坡体作用在膨胀土(岩)边坡上,假定压坡体与膨胀土(岩)边坡之间不会产生滑动,压坡体的可能破坏形式为与其后膨胀土(岩)边坡一起滑动。因此,压坡体的最危险滑动面应为其后边坡的最危险滑动面的延伸,稳定分析应与其后膨胀土(岩)边坡统一考虑。该计算模型有两种计算方法:①极限平衡法,假定一个换填处理后边坡稳定安全系数,根据换填层压坡体力的平衡条件求得换填层的压坡荷载,再假定压坡荷载均布作用在膨胀土(岩)边坡上,用条分法对换填层后坡体进行稳定分析,求得边坡稳定系数。采用试算法,直至假定的边坡稳定安全系数与用条分法计算出来的换填层后坡体稳定安全系数一样,即为所得解,计算简图见图5-10。②有限元法,该方法多用于换填层为加筋土的情况,该方法不仅能计算出土体中各点的位移、应力、应变和应力水平,提供受荷后土体与拉筋的应力场和位移场,还能在计算中考虑土体的非均质和非线性、土体与拉筋随荷载的变化情况,用强度折减法计算安全系数。

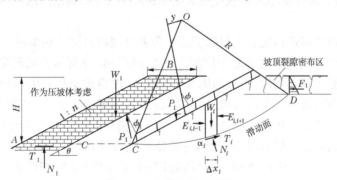

图5-10　条分法计算简图

5.1.2.3　膨胀土(岩)边坡强度理论和设计强度参数取值

膨胀土(岩)边坡问题与土的强度问题密不可分。对于膨胀土(岩),强度比一般黏性土复杂得多,就自身而言,膨胀土(岩)的裂隙性导致土体强度具有各向异性,膨胀土(岩)富含亲水性黏土矿物遇水软化;更为难解的是,依据现有土力学试验方法得到的土的强度,采用经典边坡稳定分析方法得到的安全系数很大的边坡也常常失稳。在南水北调中线前期设计时,提出膨胀土(岩)抗剪强度的分带选取原则:在大气影响带(0~2.5 m)范围内,取残余强度;在过渡带(2.5~4.5 m)范围内,对弱膨胀潜势 c 值按峰值强度的 70%~80%取值,φ 值按峰值强度的 8%取值;对中—强等膨胀潜势 c 值按峰值强度的 60%~70%取值,φ 值按峰值强度的 8%取值;4.5 m 以下非影响带取峰值强度。

针对以上膨胀土(岩)边坡稳定计算时抗剪强度的经验取值法,在国家"十一五"科技支撑课题中提出了"膨胀土(岩)渠坡破坏机制及分析方法研究",其中对膨胀土(岩)渠坡稳定分析参数测试及取值方法进行了研究。提出膨胀土(岩)的强度有土块强度、裂隙面强度和土体强度之分。其中,土块强度是指土(岩)中不含裂隙面时的土(岩)体强度;裂隙面强度是指膨胀土(岩)中"非胀缩裂隙面"或地层结构面的强度。对于胀缩裂隙不谈裂隙面强度,当土体不存在裂隙时,土块强度也是土体强度;对于非胀缩裂隙膨胀土的原状土才考虑土块强度和裂隙面强度。长江科学院经多年研究,对膨胀土(岩)强度的确定提出如下思路:

(1)对于大气影响区,大部分土层存在胀缩裂隙,裂隙数量大、短小而随机,可将土体视为各向同性的连续体,直接取大气影响区的原状样进行试验或取深部土块经室内多次干湿循环后进行试验,确定其综合土体强度。

(2)对于非大气影响区,因非胀缩裂隙的存在,则土体的抗剪强度具有强烈的各向异性,不可能给出统一的土体强度指标,必须采用土块强度和裂隙面强度两组指标来表征裂隙性膨胀土的强度特性。

(3)对于填筑膨胀土体,压实土室内试验测定其土体强度。

5.1.2.4　膨胀土(岩)边坡处理措施现状

膨胀土(岩)边坡的滑坡形态主要有深层滑动和浅层滑动两种。其中,深层滑动往往是在土层深部有结构面存在的情况下发生的,即所谓的裂隙强度控制下的边坡失稳,需要结合地质勘探并采取相应处理措施;浅层滑动是膨胀土(岩)边坡滑坡的最普遍形式,即所谓的膨胀作用下的边坡失稳,其发生位置主要在浅层大气影响范围内(一般在 1.5~5.0 m 范围内)。

近年来,我国公路部门也有大量的膨胀土边坡处理研究的成功案例。2002~2004 年,交通部以"西部公路建设中的膨胀土问题"为题,以广西、云南等地的膨胀土路基为工程背景,开展了膨胀土基本特性、边坡加固和防护技术、改良理论和方法、加固效果研究等一系列工程科研工作,进行了多种膨胀土路堤、路堑的处理技术研究,主要处理措施包括:①路堤填方处理,主要采用非膨胀性土包边、土工格栅加筋包边和石灰改良膨胀土夹土工格栅包边的方法,对路堤填方段进行处理;②路堑挖方处理,分别采用树根桩+坡脚人字挡墙+DAH 改良表层土、砌石拱+坡脚挡墙处理、土工格栅+柔性挡墙处理等不同的处理措施,均取得了较好的效果。

总体来看,膨胀土(岩)的边坡处理技术按作用机制不同进行划分,可分为四类:其一是含水量控制法,通过一定防排水措施,避免膨胀土(岩)水分状态发生较大变化,从而减小膨胀土(岩)胀缩变形;其二是换填法,主要将表层一定深度的膨胀土(岩)用非膨胀黏性土或改性后的膨胀土(岩)进行换填,通过压重作用减小下伏膨胀土(岩)的膨胀变形,同时对边坡还可以起到一定的柔性支挡作用;其三是锚固支挡,通过加筋、锚固、支护等方法,加固处理存在软弱面的膨胀土体;其四是膨胀土(岩)的防护措施,主要防止产生剥落、冲蚀、泥流及溜塌等表面破坏。

在膨胀土(岩)地区修建大型渠系工程,问题的关键是处理好渠坡稳定和衬砌结构稳定问题。既有浅层膨胀土的处理问题,又有深层膨胀土的防治问题,既有防治膨胀土的结构合理布局问题,又有多种不同性能材料综合治理膨胀土(岩)的选材问题。这些问题归结起来,一是需要摸清膨胀土(岩)的特性和边坡失稳机制及其稳定性分析方法;二是工程上必须采用针对性的处理措施,在"技术可靠、经济合理、施工可行"的原则上,解决好膨胀土(岩)渠道的处理问题。根据对以往相关工程实例的效果分析,相对于刚性支挡而言,柔性支挡的处理效果更好,且工程量相对较小。

对于南水北调中线工程,从南水北调工程前期工作以及设计方案的审查、审批情况分析,对膨胀土(岩)渠段工程处理的认识是一个逐步探索、逐步深化、逐步完善的过程。

(1)中线干线膨胀土(岩)渠段在可研论证阶段主要设计要点为:弱膨胀土(岩)渠段仅过水断面换土,厚度为 1.0 m;中膨胀土(岩)渠段全开挖断面换土,厚度均为 2.0 m;强膨胀土(岩)渠段开挖全断面换土,厚度均为 2.5 m。

换土材料为黏性土。绝大部分渠段以草皮护坡为主,仅在深挖方膨胀土(岩)段渠坡表面采用 C15 混凝土六角框格+植草防护。

(2)初设阶段,经多方案比选和论证,对膨胀土(岩)渠段均采取了以放缓渠坡和换填非膨胀土料为主的措施进行处理,根据不同膨胀等级、地下水位情况,采用不同渠道边坡坡比、不同换填厚度和不同换填范围,渠道一级马道以下采用混凝土衬砌、全断面复合土工膜加强防渗,并根据渠外地下水位分布情况,采用衬砌板下设砂石排水垫层、暗管集水、逆止式自流内排,设集水井抽排或内排与抽排相结合等排水形式;一级马道以上采用植草防护或刚性骨架植草防护。此外,将膨胀土渠段作为安全监测断面主要布置部位,对中强膨胀土渠段及深挖方且存在膨胀土(岩)的渠段布设监测断面,以变形和渗流监测为主布设相关监测仪器,渠坡设计水位处和渠底处安装监测仪器,观测渠坡及渠底变形情况。

(3)工程实施阶段,为进一步研究验证膨胀土(岩)渠段处理方案以及指导施工,有关单位组织开展了膨胀土(岩)渠段处理措施的现场试验,并取得了相关成果。

考虑到我国在中强膨胀土(岩)地基上修建大型渠道的工程实践经验较少,根据先期组织开展的南阳和潞王坟膨胀土(岩)试验段的试验成果、工程实施情况及局部膨胀土(岩)渠段在施工过程中渠坡出现的失稳现象,综合考虑膨胀土(岩)工程特性,为进一步提高总干渠输水安全性,在初设阶段膨胀土(岩)渠段处理方案的基础上,对部分重点部位膨胀土(岩)渠段研究加强处理措施。

经研究论证,分两阶段对膨胀土(岩)处理方案进行优化调整,分别针对强膨胀土(岩)及深挖方中膨胀土(岩)渠段和开挖深度小于 15 m 的中膨胀土(岩)及部分弱膨胀土(岩)渠段进行了优化设计。

优化方案主要是增加换填厚度、加强排水、局部增加抗滑桩等支护方案。鉴于膨胀土(岩)及其内部裂隙面的分布存在不均匀性和不确定性,要求设计单位在工程建设实施阶段,根据开挖揭示的具体地质情况,在基本处理方案的基础上,进行动态设计,进一步优化、复核设计处理范围和处理方案。

5.2　南水北调中线工程中的膨胀土（岩）渠段

5.2.1　南水北调中线工程膨胀土（岩）概况

5.2.1.1　南水北调中线工程膨胀土（岩）分布概况

南水北调中线工程膨胀土（岩）渠段主要根据自由膨胀率大小划分为弱、中、强三个等级，划分标准为：

强膨胀土（岩）渠段：渠段有超过 1/3 土（岩）体试样的自由膨胀率大于 90%；

中膨胀土（岩）渠段：渠段有超过 1/3 土（岩）体试样的自由膨胀率大于 65%；

弱膨胀土（岩）渠段：渠段有超过 1/3 土（岩）体试样的自由膨胀率大于 40%。

据此分类标准，南水北调中线干线工程涉及膨胀土（岩）的渠段总长约 370 km，其中强膨胀土（岩）渠段长度约 23 km，中膨胀土（岩）渠段长度约 141 km，弱膨胀土（岩）渠段长度约 206 km，分布于河南、河北渠段内，各地、市膨胀土（岩）分布如下：

渠首—方城渠段膨胀土（岩）渠段总长约 149 km，占渠道总长的 84.5%，其中强膨胀土（岩）渠段长约 8 km，中膨胀土（岩）渠段长约 84 km，弱膨胀土（岩）渠段长约 57 km。

叶县—安阳渠段膨胀土（岩）渠段总长约 172 km，占渠道总长的 31.63%，其中强膨胀土渠段长约 9 km，中膨胀土（岩）渠段长约 36 km，弱膨胀土（岩）渠段长约 127 km。

磁县—高邑元氏县渠段膨胀土（岩）渠段总长约 48 km，占渠道总长的 13.7%，其中强膨胀土渠段长约 5 km，中膨胀土渠段长约 21 km，弱膨胀土（岩）渠段长约 22 km。

5.2.1.2　南水北调中线工程膨胀土（岩）地质概况

南水北调中线干线工程涉及的膨胀土（岩）包括第三系膨胀岩和第四系膨胀土。膨胀土（岩）主要分布在陶岔（渠首）—北汝河段、辉县—新乡段、邯郸—邢台段。此外，颍河及小南河两岸、淇河—洪河南、南士旺—洪河、石家庄、高邑等地也有零星分布。下面分别以南阳膨胀土试验段、新乡膨胀岩试验段以及河北邯邢段膨胀土（岩）为例进行地质情况介绍。

1. 南阳膨胀土试验段

膨胀土地区的主要地貌形态为孤山、岗地、山前平原、河流一二级阶地、河床。属山麓斜坡堆积地貌与滨湖积地貌的过渡带。南阳盆地及方城—沙河段第四系堆积物质的主要来源为伏牛山的风化花岗岩及部分碳酸盐风化产物，由河流湖泊水系搬运作用形成。邯郸、邢台等地 Q_1 膨胀土则由冰水搬运堆积而成。

膨胀岩所处地貌单元主要为软岩丘陵和岗地，部分为平原。丘陵地面高程一般为 120～130 m，地形较平缓，冲沟较发育，岗地高程一般为 120～150 m，岗顶浑圆，岗坡较缓。膨胀岩多被第四系松散层覆盖，部分渠段出露地表。

南阳试验段膨胀土为第四系中更新统冲湖积（Q_2^{al+pl}）粉质黏土、黏土。勘察成果表明，南阳地区膨胀土地表多以弱—中膨胀土为主，盆地膨胀土具有较为明显的垂直分带性：

大气影响带为表层 3 m 以内，此带土体经受反复干湿循环，胀缩裂隙发育，土体的整体性遭到破坏,表层常被裂隙分割成散粒状,此带土体颜色多呈灰褐色、黄褐色或灰色,微裂隙极发育,大裂隙不发育,土体的含水量随降雨量变化极大,孔洞(植物孔洞)及虫孔发育,孔隙比较大。土体在非雨季时力学强度较高,雨季饱水后力学强度迅速降低。

地面以下 3~7 m 为过渡带。此带土体一般情况下饱和度相对较高,土体的含水量年变幅相对较小,土体的温度年变幅也较小,土体的颜色受生物作用较小,一般呈黄褐色、浅棕黄色等,地下水交替作用明显,长大裂隙发育,裂隙多充填灰白色黏土,土体孔隙比较大,土体含水量一般达 24%左右,静力触探显示本带为相对软弱层。

在过渡带以下,膨胀土体受大气影响极少,称之为非影响带。由于膨胀土的超固结性和微透水性,膨胀土一般呈非饱和状态,为典型的非饱和土。此带土体中的微裂隙多呈闭合状,呈镜面光滑,裂隙面多有灰黑色铁锰质薄膜,土体渗透性微弱,为不透水层,孔隙比常小于 0.7,根孔、虫孔不发育,结构紧密。

膨胀土土体裂隙的发育程度直接表现为土体膨胀性的强弱。一般而言,土体的膨胀性越强,裂隙越发育,反之亦然。中膨胀土土体裂隙发育,且裂隙面光滑,土体干裂后会出现大量的裂隙,土体易干裂呈棱角状,小于 45°的棱角较多,且各个棱角由裂隙面切割而成。一般切面光滑,切面上裂隙发育。弱膨胀土土体裂隙一般不发育,单个土块一般无明显的裂隙,而微裂隙较发育,土体干裂后破碎呈小土块,小于 45°的棱角不太发育。一般切面平整光滑,少见裂隙。渠道开挖平整较容易,较少见到大的光滑裂隙面。

南阳膨胀土试验段地下水主要为第四系裂隙水(上层滞水),上第三系孔隙、裂隙承压水,水量有限。土体中分布的上层滞水,无统一地下水位,水位随季节变化,地下水位一般高于渠高程低于渠水位,渠道开挖过程中局部有渗水,水量不丰。膨胀土作为一种超固结土,土体富水性和透水性总体微弱。为了研究膨胀土区地下水的赋存条件,在南阳试验段施工开挖过程中,主要对土体的孔隙和裂隙的分布发育规律进行了调查与研究,得出以下几点结论:

(1)膨胀土中的重力水主要赋存于土体孔隙和裂隙中,并以孔洞为主,形成上层滞水的共同富集空间,在大气影响带内土体中较为明显,形成孔隙—裂隙型上层滞水带,施工中有渗水现象。

(2)上层滞水丰度与土体孔隙多少大小密切相关。中膨胀土孔隙的发育程度和深度明显小于弱膨胀土,因此中膨胀土中重力水给水度非常小,渗水量小于弱膨胀土。

(3)上层滞水带以下,土体孔隙少而小,无重力水分布,开挖后无地下水渗出。在试验段施工开挖过程中揭示上层滞水普遍存在,且埋藏较浅。水位埋深在 0.45~4.44 m,水位变幅 2~3 m。其勘探水位观测和试验段施工过程中的观测和试验资料分析,上层滞水的分布在弱、中等膨胀土区显著不同。主要受地形地貌和土体孔隙、裂隙发育及分布的影响具有不均。

根据南阳试验段现场施工揭示,地下水分布情况及特点如下:

(1)弱膨胀土区上层滞水的厚度和丰度明显大于中膨胀土区,含水层的分布与地形、土体的膨胀性有相关性。弱膨胀土区上层滞水埋藏浅,水位埋深 2.1~4.2 m,含水层厚度 1.2~8.0 m。试验表明,含水量大于 24%时,土体接近于饱和(饱和度多在 90%以上)。各弱膨胀土试验区土体含水量在深度上的变化反映出的饱和土体的分布与现场编录的上层滞水的分布近于一致。

（2）中膨胀土区也明显存在上层滞水带，含水层的厚度及所含地下水的丰度明显弱于弱膨胀土区。中膨胀土区上层滞水的分布具有如下特点：

①在地势较高的岗坡坡顶一带，上层滞水带主要分布在大气影响带的附近，地下水主要赋存于植物根孔形成的孔隙和裂隙中，属于孔隙—裂隙水。含水层厚度小，一般为1~4 m，地下水埋深2~4 m，水量极少。

②在地势相对低洼的坡脚、暗沟（谷），上层滞水沿沟谷呈条带状分布，地下水埋藏浅。沟含水层厚度增大，土层含水量明显大于周边土体，沟坡含水层厚度小于沟。

③在大气影响带以下的过渡带中局部土体裂隙—微裂隙极发育，微张开、无充填，同时土体发育大量微细根孔，赋存孔隙—裂隙水，使得上层滞水带的厚度明显大于周边土体。

膨胀土（岩）具有特殊的工程特性，并表现出对水的敏感性。地下水的活动导致膨胀土（岩）边坡的破坏具有普遍性。试验段在开挖施工中发生的多处边坡变形及滑坡现象大多与地下水有关。

膨胀土作为一种超固结黏性土，土体富水性和透水性总体微弱。膨胀土地区较为普遍的自由水赋存于浅层土体的根孔型孔隙和部分裂隙中，属于孔洞—裂隙型上层滞水。局部土体因岩性差异，孔隙、裂隙发育，地下水稍丰，分布透镜状地下水。当渠底板膨胀土厚度较小时，若下部分布承压含水层，则承压水可能形成突涌或沿膨胀土孔洞或裂隙上升越流补给进入基坑。三种类型地下水在分布、水量、危害等方面均不相同，应选择不同的应对措施。

2. 新乡膨胀岩试验段

南水北调中线工程总干渠沙河南—彰河南渠段膨胀岩为上第三系滨湖相、河湖相陆源碎屑沉积的软岩，黄河南的为洛阳组（N_1^l），黄河北的分别为潞王坟组（N_2^l）、鹤壁组（N_1^h）和彰武组（N_1^z）。岩性主要为棕黄、棕红杂灰绿色黏土岩（包括砂质黏土岩）和灰白色、灰白杂灰绿色及灰黄色成岩差—较差的泥灰岩。

上第三系沉积物岩相变化较频繁，岩性多变且不均一，成岩程度不均。除黏土岩成岩差外，其他岩类成岩程度差别较大。开挖剖面显示，各岩类多呈渐变接触关系，层面高低不平，无统一层面，局部呈薄层或透镜体状分布。

黏土岩：颍河以南多为灰绿色，其北为棕红、棕黄、紫红等色，多呈坚硬—硬塑土状，成岩差，干裂后网状裂隙发育。棕红色黏土岩裂面具蜡状光泽和擦痕，多附黑色铁锰质薄膜和灰绿色薄膜及条纹。岩性不均，含有质团块或灰绿色条纹。层厚差异较大，范围1~30 m，一般厚5~10 m。夹有砂质黏土岩或泥质砂岩，层内多夹有砂岩、砾岩、泥灰岩等。

泥灰岩：灰白色为主，杂棕黄色，泥质结构，层状构造，大部分成岩差，为硬可塑—坚硬土状，多为软岩，少部分土质胶结成岩较好，局部为半坚硬岩石。岩体均匀性差，夹有黏土岩透镜体。节理裂隙发育，沿裂隙有铁锰质薄膜，野外开挖剖面可见垂直裂隙和层间软弱夹层或结构面，多充填棕红色黏土，局部见溶孔、溶隙。厚1.6~23 m，一般厚4~13 m。

膨胀岩所处地貌单元主要为软岩丘陵和岗地，部分为平原。丘陵地面高程一般为120~130 m，地形较平缓，冲沟较发育；岗地高程一般为120~150 m，岗顶浑圆，岗坡较缓。膨胀岩多被第四系松散层覆盖，部分渠段出露地表。

　　上第三系沉积物岩相变化较频繁,岩性多变且不均一,成岩程度不均。除黏土岩成岩差外,其他岩类成岩程度差别较大。开挖剖面显示,各岩类多呈渐变接触关系,层面高低不平,无统一层面,局部呈薄层或透镜体状分布。

　　膨胀岩是多裂隙岩体,根据潞王坟试验段现场开挖情况,成岩差的泥灰岩裂隙发育规律不明显,网状裂隙发育,失水后见有龟裂现象,渠坡的破坏形式一般为坍塌。成岩较好的泥灰岩裂隙较发育,沿裂隙面有铁锰质及黄红色泥质充填,节理面伸长度一般数十厘米,较平整,其裂隙(节理)走向为 NE20°~50°、NW280°~340°,倾向以 SE 方向为主,倾角65°~88°;其岩质坚硬,一般不具膨胀性,野外边坡近直立。黏土岩节理裂隙发育,一般为闭合裂隙,失水开裂,裂面光滑,并见有擦痕;裂隙间充填黑色铁锰质薄膜及灰绿色高岭土条带,充填物含水量较高,沿裂隙面抗剪强度较低;网状裂隙较发育,抗崩解能力很低,开挖过程中局部有坍塌现象;局部岩体中存在有软弱结构面,抗剪强度低,开挖过程中有滑坡现象;黏土岩节理裂隙走向为 NE30°、NW310°,倾向以 SE 方向为主,倾角 45°~70°。

　　膨胀岩地区地下水赋存条件与地形地貌、地层岩性关系密切。沿线膨胀岩渠段所处地貌单元主要为丘陵岗地、山冲洪(坡洪)积倾斜平原,地层主要为上第三系沉积物,岩性主要为黏土岩、泥灰岩、砾岩、砂岩。地下水主要赋存于泥灰岩、砂岩和砂砾岩的溶隙、溶洞、孔隙和裂隙中,主要为潜水和上层滞水,局部具承压性。含水层岩性相变频繁,厚度变化较大,连续性较差且不均一,多呈透镜体状,水力联系和富水性相对较差。膨胀岩渠段地下水主要为潜水和上层滞水,以潜水为主,部分为承压水。含水层岩性主要为泥灰岩、砾岩、砂岩,一般具弱—中等透水性,黏土岩一般具极微—弱透水性。因上第三系地层相变频繁,岩性变化较大而不均一,含水层连通性、富水性均较差,变幅较大。

　　新乡膨胀岩试验段:地下水埋藏一般较深,根据总干渠地下水位预测,工程区多年最高地下水位一般位于渠板以下。勘察期间仅部分钻孔揭露到上层滞水,主要赋存于第四系松散层和上第三系成岩较差的泥灰岩中,下部黏土岩为相对的隔水层。勘察期间上层滞水水位高程一般为 103.55~105.69 m。场区地下水主要接受大气降水入渗和侧向径流补给,以侧向径流方式排泄,地下水水力联系较差。上层滞水地下水位随季节变幅较大,无统一水位,易引起膨胀岩地基的不均匀膨胀变形。

　　膨胀岩所处地貌单元主要为软岩丘陵和岗地,是指上第三系沉积而成的黏土岩和成岩差—较差的泥灰岩,多呈坚硬—硬塑土状。上第三系地层相变频繁,岩性变化较大,多呈突变接触关系。泥灰岩、砂砾岩、砂岩等,具弱—中等透水性,黏土岩一般属极微—弱透水层。膨胀岩渠段地下水主要为潜水和上层滞水,以潜水为主,部分为承压水。因上第三系地层相变频繁,岩性变化较大而不均一,含水层连通性、富水性均较差,变幅较大。膨胀岩的多裂隙性和膨胀性使其在干湿交替、胀缩变形后强度降低,沿裂隙和结构面产生滑坡、坍塌等破坏;吸水后体积膨胀,在膨胀压力作用下对渠道衬砌造成破坏。因此,膨胀岩渠段渠道应采取相应的处理和保护措施。

　　3.河北邯邢段膨胀土(岩)

　　邯郸、邢台段的膨胀土(岩)按时代和成因划分成两类:一是第三系湖相沉积黏土岩及黏土,二是第四系下更新统湖积、冰水堆积黏土。第三系(N_1^L)黏土及黏土岩,夹灰绿色斑块,裂隙和隐蔽裂隙发育,裂面具蜡状光泽,常见有擦痕,遇水膨胀失水收缩龟裂。下更新统湖相沉积(Q_1^l)黏土,以灰绿色为基本色,杂灰白色、黄色、棕红色。黏土致密,裂隙和隐蔽裂隙发育,裂面蜡状光泽,见擦痕。下更新统冰水积湖积($fg1+Q_1^l$)黏土、壤土以棕红色为基本色,杂灰绿色、灰白色、黄色,裂隙和隐蔽裂隙发育,裂面蜡状光泽,见擦痕。

空间分布的明显特征是不同膨胀等级的土随机性强,不同等级的膨胀土相互"包容"。膨胀土(岩)具有吸水膨胀失水收缩特性,还具有隐蔽裂隙发育的特征。膨胀土(岩)的胀缩性与土(岩)的黏粒含量、土粒的比表面积、黏土矿物种类及含量、阳离子交换量等有关。

5.2.2　强膨胀土及挖深大于 15 m 的中膨胀土(岩)渠段情况

5.2.2.1　强膨胀土及挖深大于 15 m 的中膨胀土(岩)分布概况

南水北调中线工程强膨胀土及挖深大于 15 m 的中膨胀土(岩)渠段总长约 59.41 km,其中强膨胀土长 23.11 km,挖深大于 15 m 的中膨胀土(岩)段长 36.3 km。

5.2.2.2　强膨胀土及挖深大于 15 m 的中膨胀土(岩)渠段处理措施

由于沿线地质条件差别很大,不同渠段处理方案也不尽相同,对强膨胀土及挖深大于 15 m 的中膨胀土渠段采取放缓边坡、换填非膨胀性土、设置抗滑桩、增设排水垫层、加强坡面以及岸顶防护等综合处理措施,本书主要处理原则及方案列举如下。

1. 渠坡处理

(1)强膨胀土渠段过水断面边坡坡比一般为 1:3.25~1:3.5,挖深大于 15 m 的中膨胀土渠段过水断面边坡坡比一般为 1:2.75~1:3.5。

(2)膨胀土(岩)渠段全部采用非膨胀性土进行换填,换填料可为合格的黏性土或水泥掺量为 4%~6% 的改性土;中、强膨胀土渠段全断面换填,换填范围至开口线以外截流沟。中膨胀土过水断面换填厚度根据坡比不同采用 1.5~2.5 m,一级马道以上换填厚度 1.0~2.0 m。强膨胀土过水断面换填厚度 2.0~3.5 m,一级马道以上换填厚度 1.5~2.5 m。

(3)过水断面采用抗滑桩+坡面支撑梁+渠底纵、横梁支撑方案,或采用土锚杆+混凝土框格梁支撑方案。当渠坡内裂隙发育或有原生长、大裂隙结构面时采用抗滑桩支挡处理。

①抗滑桩+坡面支撑梁+渠底纵、横梁支撑方案:坡面梁置于膨胀土换填保护层顶部,镶嵌在改性土换填保护层中,采用人工挖槽或机械挖槽,在槽内直接安置钢筋笼进行混凝土浇筑。坡面梁与抗滑桩桩头混凝土整体浇筑,形成刚架。然后在其上方浇筑渠道混凝土衬砌面板,渠坡混凝土衬砌厚度一般采用 10 cm,渠底采用 8 cm,根据地下水位的高低确定是否采用复合土工膜。具体处理措施见图 5-11。

②土锚杆+混凝土框格梁支撑方案:框格梁采用 C20 钢筋混凝土,设置在换填黏性土内部,梁上顶面与换填黏性土上顶面相平。框格梁纵、横梁断面尺寸均为 0.3 m×0.5 m(宽×高),梁纵、横间距 2 m,沿水流方向 16 m 为一单元,即 8 档框格为一单元,单元与单元间间距 1 m。横梁沿渠坡设置垂直高度为 4.5 m,渠底沿坡脚向中心线设置 4 m。每一纵向梁与横向梁相交处设置一根土锚杆,方向垂直于换填面,土锚杆采用 ϕ 28 钢筋,长 9 m。处理措施平面布置见图 5-12。其上采用 C20 现浇混凝土全断面衬砌,渠坡衬砌厚度 8 cm,渠底 10 cm;全断面铺设保温板、复合土工膜防渗以及粗砂垫层。分缝处采用闭孔泡沫板填充,上部采用密封胶封盖。纵、横缝间距不大于 4 m。处理措施典型横断面布置见图 5-13。

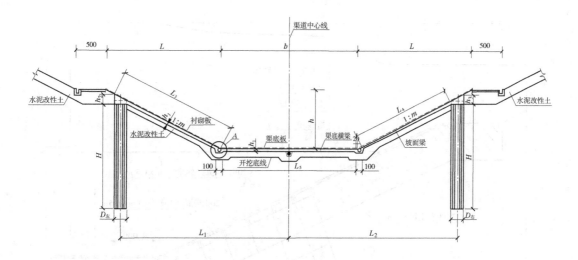

图 5-11　抗滑桩+坡面梁布置处理横断面图　（单位：mm）

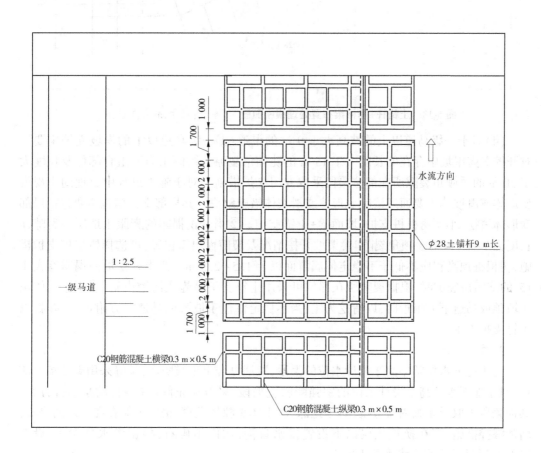

图 5-12　土锚杆+框格梁布置平面图　（单位：mm）

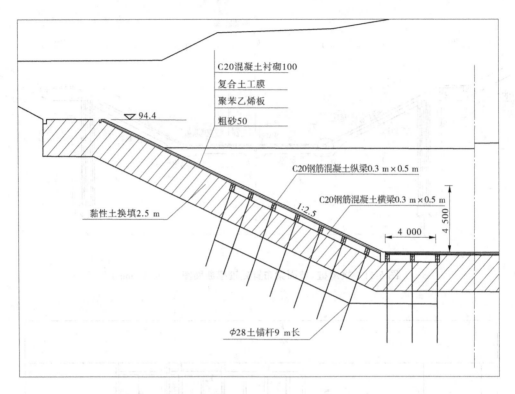

图 5-13　土锚杆+框格梁布置处理横断面图 （单位:尺寸,mm;高程,m）

（4）对于一级马道以上的坡高大于 9 m 的渠道:①一级马道以上的岸坡支护主要针对开挖揭露岸坡中存在的长度大于 15 m 的陡倾角裂隙与缓倾角裂隙组合部位及长度大于 30 m 的缓倾角裂隙所在部位渠段采取专门支护措施。对于施工过程中出现的小规模变形体或滑坡体主要通过清除变形体或滑坡体措施解决。其局部支护措施主要包括局部变形体清挖、小型树根桩支护、坡面梁+土锚支护。②当开挖揭露的膨胀土地层中裂隙面长度为 7~15 m 的缓倾角裂隙时,渠坡开挖情况及裂隙面出露位置,可选择树根桩支护措施,树根桩顶高程应不低于不稳定体底滑面以上 1.5~2.5 m。③当开挖坡面揭露有大于 15°的陡倾角裂隙时,根据裂隙所在部位可采用土钉支护措施或清挖措施,当不稳定体位于坡顶或马道下方附近时,以清挖为主;当不稳定体位于坡脚或马道上方附近坡体时,以土钉支护为主。

2. 排水设计

对于地下水位常年高于设计水位的渠段,取消复合土工膜防渗,填缝采用聚乙烯泡沫板;对于地下水位高于设计水位的中强膨胀土渠段,采取逆止阀内排+自动泵抽排方案,其他渠段采取逆止阀内排方案;对于挖深大、土体裂隙较发育、渠底可能存在渗水的渠段,增加渗控措施,即在换填土层以下设置排水盲沟,沟内填砾石,根据渗水量大小,设置PVC管通过逆止阀将渗水导入渠内。

根据现场实际情况,部分左岸排水建筑物下游出口高程较低,满足自流外排条件,优先采用外排,对无自流外排条件的渠段,采用内排措施。也可根据情况设置集水井,采用移动泵抽排。

　　地下水内排系统由集水暗管和逆止阀组成,内排方案根据地下水位的高低,分以下几种情况:对于地下水位低于渠底的,仅在衬砌板下设置排水措施,采用逆止阀内排方案;对于地下水位高于渠底 3 m 以内的,在衬砌板下设置排水措施的同时,在换填层后也设置相应的排水措施,两套排水系统相对独立,不连通;对于地下水位高于渠底 3 m 以上的,在衬砌板下设置排水措施的同时在换填层后设置加强排水措施。

　　1)衬砌板土工膜下的排水布置

　　土工膜下的渗水采用逆止阀内排,在渠坡土工膜下设砂砾料垫层,在渠道土工膜下部渠底两侧坡脚和渠道中心线位置设纵向软式透水管,每隔一定间距设横向软式透水管,渠底两侧坡脚和渠道中心线位置每隔相同间距设一逆止阀,逆止阀与软式透水管采用三通管相连。渠底中心线位置布置球形逆止阀,渠底坡脚两侧布置拍门逆止阀。透水管的管径大小、布置间距以及逆止阀的间距、型号等应根据排水量计算确定。

　　2)换填层下排水布置

　　对预测高水位或施工期地下水位高于渠底 3 m 范围内的,在换填层后增加排水措施,即在坡面换填层后坡脚处设置一道纵向软式透水暗管集水,通过横向波纹管连接逆止阀将水排入渠内。渠底铺设粗砂垫层与纵向软式透水暗管,竖向波纹管连接逆止阀;坡面距离坡脚 3 m 范围内,在坡面上间隔一定间距铺设三维排水网垫与纵向集水暗管连通。具体布置见图 5-14。

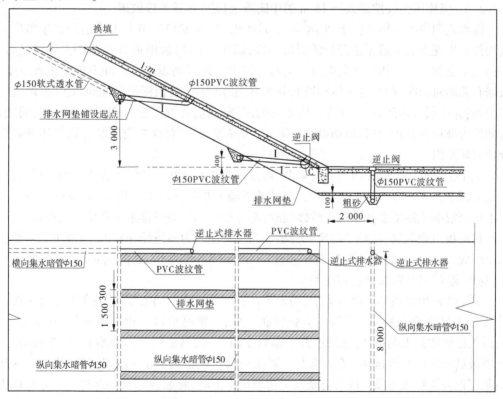

图 5-14　排水措施布置图　（单位:mm）

对预测高水位或施工期地下水位高于渠底 3 m 以上的渠段,在换填层后设加强排水措施,即在换填层后距离坡脚高 3 m 处增加了一道纵向软式透水暗管,在换填层后距离坡脚 3 m 以上坡面增设横向软式透水暗管集水,与逆止阀连通。

3. 外坡防护

挖方渠道一级马道以上边坡高度小于 2 m,填方渠道填高小于 2 m 的外坡采用草皮护坡。坡高 2~12 m 的填方渠道外坡采用浆砌块石拱+植草护坡或预制混凝土六角形空心框格+植草护坡,浆砌块石拱边长 3 m,骨架宽 40 cm、厚 50 cm,其中 40 cm 埋于渠坡表面以下。骨架表面设浆砌块石排水槽,沿浆砌块石骨架将坡水排入马道上的纵向排水沟。排水槽宽 20 cm、深 10 cm。一级马道以上边坡高度大于 2 m 的挖方渠段也采用浆砌块石拱+植草护坡或预制混凝土六角形空心框格+植草护坡,尺寸形式同填高大于 2 m 的渠道的外坡防护。骨架表面设混凝土排水槽,沿浆砌块石拱将坡水排入马道上的纵向排水沟。排水槽宽 30 cm、深 10 cm。

根据当地材料情况,浆砌块石骨架也可改为 C20 混凝土骨架,坡顶设混凝土护肩。

4. 岸顶渗控设计

对总干渠全挖方及半填半挖的膨胀土(岩)渠段的截流沟做了全断面防渗处理设计,即沟内全断面混凝土衬砌+铺设土工膜,对于挖深较大的沟段,则采用埋置钢筋混凝土排水管的形式进行排水。

林带区域内地面坡向截流沟一侧,坡度不小于 2%,以利排水。

5.2.2.3　强膨胀土及挖深大于 15 m 的中膨胀土(岩)渠段处理效果

南水北调中线一期工程于 2014 年 12 月通水,截至 2017 年 6 月通水运行 2 年半后全线均没有出现影响渠道正常运行的滑坡事件,膨胀土(岩)段渠道处理总体上效果显著,但衬砌板裂缝、隆起、错台现象以及一级马道以上小范围坍塌、滑坡、冲毁现象也有发生。根据有关调研情况,存在的实体问题共分 7 类,分别为:①疑似深层破坏问题;②换填层破坏问题;③浅层破坏问题;④填方渠段不均匀沉降问题;⑤混凝土衬砌板裂缝、错台问题;⑥截流沟破坏问题;⑦其他坡面排水沟破坏、洇湿等,以下对这 7 类问题分别叙述并简要分析破坏原因。

关于①疑似深层破坏问题共有 4 个,均分布在长约 900 m 的深挖方中膨胀土渠段,该段挖方深度达到 40 m 左右,表现为沿裂隙及裂隙密集带深层滑动破坏,具体为一级马道以上坡面混凝土拱架多处出现连续性裂缝,部分渠段二级马道排水沟侧墙与底板脱空,一级坡衬砌板出现裂缝、错台等现象。分析认为主要原因为该段挖深较大,渠坡主要由粉质黏土组成,上部粉质黏土一般具弱膨胀性,下部具中等膨胀性,裂隙较发育,膨胀性不均一,易形成浅层滑坡,渠坡稳定性差。

关于②换填层破坏问题有 4 个,均发生在长度约 800 m 的渠段内,且都发生在一级马道以上,具体表现为某桥下游深挖方强膨胀土段,一级马道以上边坡滑移约 20 m×16.5 m,滑坡已导致排水沟挤坏;某深挖方中膨胀土段,一级马道以上边坡滑移 13 m×16.5 m,滑坡已导致排水沟挤坏;某深挖方中膨胀土段六棱框格+植草护坡沉陷,约 35 m×30 m;某深挖方强膨胀土段一级马道及以上边坡局部沉陷、隆起,约 100 m×30 m。分析认为一级马道以上的换填层破坏,与暴雨有直接关系,降雨致使换填层后水压力升高、换填界

面软化摩擦力下降以及换填层底部土体饱和软化、蠕变、滑动,形成滑坡,也与换填土厚度
以及局部碾压密实度有一定关系。滑坡段典型设计横断面示意图见图 5-15,现场滑塌照
片见图 5-16。

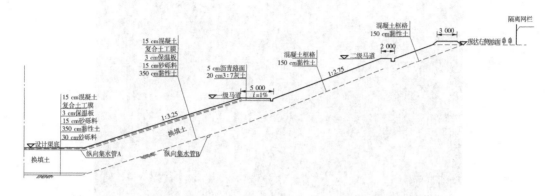

图 5-15　一级马道以上换填层滑塌渠段设计横断面示意图　(单位:mm)

图 5-16　一级马道以上换填层滑塌现场照片

关于③浅层破坏问题(浅层蠕变和坡面冲刷)有 12 个,均发生在长度约 1.4 km 的深
挖方渠段内,最大挖方约 30 m,表现为一级马道以上边坡蠕变。受暴雨极端天气影响,某
深挖方渠段三、四级边坡变形。现场巡查时,四级边坡坡顶防洪堤堤顶出现纵向开裂,裂
缝长约 40 m,最大宽度约 1 cm;三、四级边坡浅表层发生溜滑,溜滑宽度约 20 m。该渠段
为弱膨胀黏土岩,一级马道以上边坡未换填,变形主要位于表层风化带内,变形滑动厚度
约 1.5 m。分析认为造成浅层破坏的主要原因为:本段为挖方渠段,挖深 20~32 m,中膨
胀性的黏土岩主要分布在下部,上部分布为弱膨胀性的泥灰岩,本段内一级马道以上弱膨
胀土渠坡采取不进行换填处理的措施,仅在表面采用六棱体框格+植草处理,且本段左岸
紧靠山脚,雨后冲刷也易引起坡面蠕变。坡体浅表层破坏现场照片见图 5-17。

关于⑤混凝土衬砌板裂缝、错台问题有 3 个,表现为衬砌面板局部出现裂缝、隆起、错
台等现象,最大错台高度约 5 cm。

关于⑥截流沟破坏问题有 7 个,具体表现为截流沟破损、裂缝、截流沟外防护网基础
沉陷坍塌,围网倾倒,同时下部截流沟出现大面积隆起破坏,该问题均发生在强、中膨胀土

图 5-17　坡体浅表层溜滑形态

渠段,故对中、强膨胀土段的截流沟设计应加强。

关于⑦其他坡面排水沟破坏、泗湿等问题有 3 个,具体表现为坡面底部有渗水、坡面混凝土拱架出现连续性裂缝等。

5.2.3　弱膨胀土及挖深小于 15 m 的中膨胀土(岩)渠段情况

5.2.3.1　弱膨胀土及挖深小于 15 m 的中膨胀土(岩)分布概况

南水北调中线工程弱膨胀土及挖深小于 15 m 的中膨胀土(岩)渠段总长约 310.68 km,其中弱膨胀土长 205.75 km、挖深小于 15 m 中膨胀土(岩)渠段长 104.93 km。

5.2.3.2　弱膨胀土及挖深小于 15 m 的中膨胀土(岩)渠段处理措施

对弱膨胀土及挖深小于 15 m 的中膨胀土(岩)渠段采取换填非膨胀性土、增设排水垫层以及加强坡面防护等综合处理措施,本书就主要处理原则及方案列举如下。

1. 渠坡处理

(1)渠道坡比 1:2~1:2.5,对于弱膨胀土渠段,一级马道以下渠坡采用黏性土或 4%~6%的水泥改性土换填,换填厚度根据膨胀特性采用 1.0 m,以减少膨胀变形对渠道衬砌的影响,一级马道以上不换填。对于中膨胀土渠段,中膨胀性范围内采用黏性土或 4%~6%的水泥改性土换填,换填厚度根据膨胀特性采用 1.5~2.0 m,一级马道以上换填厚度 1.0 m。

(2)填筑渠道断面结构根据填高确定,当填高小于 2 m 时,全部用黏性土或 4%~6%的水泥改性土填筑。当填高大于 2 m 时,其表层用 1.0 m 厚水泥改性土保护,中间用弱膨胀土填筑。

(3)当渠坡存在长大裂隙面时,根据需要设置抗滑桩或土锚杆支撑。

2. 排水设计

排水方案同 5.2.2.2 节"强膨胀土及挖深大于 15 m 的中膨胀土(岩)渠段处理措施"中的排水设计部分。

3. 坡面防护

过水断面采用换填层上铺设粗砂垫层、保温板、土工膜防渗+现浇混凝土衬砌板的措施,混凝土衬砌板厚度,渠坡 10 cm、渠底 8 cm;非过水断面弱膨胀土渠段采取混凝土六角框格+植草方案,中膨胀土渠段采取砌石拱+植草或菱形框格+植草方案。坡面横向排水沟和马道上的纵向排水沟采用混凝土矩形槽。

1)混凝土框格+植草

挖方渠道一级马道以上的内坡和填方渠道外边坡,高度较小的采用 C20 预制混凝土六角框格+植草防护。预制混凝土六角框格边长 20 cm、厚 10 cm。

2)浆砌石拱形框格+植草

挖方渠道一级马道以上的内坡和填方渠道外边坡,高度较大的采用浆砌石拱形框格+植草防护。浆砌块石拱宽 3 m,骨架宽 40 cm、厚 50 cm,均埋于渠坡以下。排水槽宽 30 cm、深 10 cm,沿浆砌块石拱将坡水排入渠坡纵向排水沟。

4. 岸顶渗控设计

截流沟采用 C15 现浇混凝土衬砌,厚 8 cm,缝间用聚氯乙烯胶泥填缝止水。地表清基时,向截流沟一侧按 1% 坡度修坡。

5.2.3.3　弱膨胀土及挖深小于 15 m 的中膨胀土(岩)渠段处理效果

南水北调中线一期工程于 2014 年 12 月通水,截至 2017 年 6 月通水运行 2 年半后全线均没有出现影响渠道正常运行的滑坡事件,膨胀土(岩)段渠道处理总体上效果显著,但衬砌板裂缝、隆起、错台现象以及一级马道以上小范围坍塌、滑坡、冲毁现象也有发生。根据有关调研情况,存在的实体问题共分 7 类,分别为:①疑似深层破坏问题;②换填层破坏问题;③浅层破坏问题;④填方渠段不均匀沉降问题;⑤混凝土衬砌板裂缝、错台问题;⑥截流沟破坏问题;⑦其他坡面排水沟破坏、泅湿等问题,以下对这 7 类问题分别叙述并简要分析破坏原因。

关于①疑似深层破坏问题 1 处,具体表现为在某段左岸渠道一级马道以上内坡滑坡,该段为弱膨胀土挖方断面,左侧挖深约 18 m,右侧挖深 11 m 左右,过水断面设计边坡 1:2.0,二、三级边坡分别为 1:2.25 和 1:2.0。该段滑坡为裂隙结构面控制下的滑坡,2012 年施工期间曾经发生滑动,原生结构面滑动下切至一级马道以下,采用抗滑桩+换填处理,2016 年 7 月暴雨后再次滑动,由于已进行处理,这次滑动未影响至一级马道以下过水断面。

关于②换填层破坏问题有 12 个,均为暴雨后换填层后水压力骤然增大,排水措施难以及时排除坡体后部积水,导致换填层局部损坏。

关于③浅层破坏问题(浅层蠕变和坡面冲刷)有 78 个,其中 71 个属于弱膨胀土渠段边坡未换填渠段引起的边坡浅层蠕动问题,其余 7 个为暴雨雨水冲刷问题。分析认为在弱膨胀土渠段对一级马道以上边坡采取换填措施能很好地避免浅层滑坡的发生,特别是在桥两侧,宜受雨水冲刷的坡面,还要做好坡面防护,如采用浆砌石护坡等。

关于④填方渠段不均匀沉降问题有 22 个。其中,较严重破坏的有 5 处,均发生在全填方渠段,如某处共 6 块面板隆起或错位,堤顶沥青路面两侧较中央相对下沉 1~2 cm,防浪墙出现错位;另某处第一块面板相对第二块下沉明显,并与第二块面板之间形成台阶;

马道下第一块面板有 15 块连续分布顺水流方向裂缝,向下游仍有多处分布断续状裂缝;其余 3 处发生的破坏在一级马道或衬砌封顶板处,路面中央出现裂缝、沉陷及封顶板处裂缝,问题均发生在"金包银"填方或半挖半填渠段,换填层与填筑体接触面处理欠佳,加上路缘石与衬砌板及排水沟的结合处出现开裂,雨水渗入,造成不同土体的差异性沉降。其余 17 处均为桥梁或穿渠建筑物,回填三角区填筑不密实,雨水冲刷、入渗后形成不均匀沉降,造成三角区空鼓、开裂等现象。

关于⑤混凝土衬砌板裂缝、错台问题有 11 处,表现为衬砌板的裂缝、错台以及隆起等现象,初步分析原因为大雨后渠坡地下水压力引起局部衬砌板隆起导致。

关于⑥截流沟破坏问题有 76 处,表现为截流沟内衬砌板的裂缝、破损、冲毁、隆起等,基本发生在弱膨胀土渠段,与暴雨后雨水冲刷、坡体内水压升高顶托以及膨胀土遇水膨胀破坏都有关系。

关于⑦坡面排水沟破坏、洇湿等问题有 39 个,其中属于排水沟的问题 20 个,均为排水沟内侧裂缝、坍塌,均在弱膨胀土渠段,与一级马道以上弱膨胀土边坡未换填处理有一定关系,属于隔离网冲毁、基础悬空等破坏的 9 处,一级马道与路缘石之间裂缝、与引道相接处裂缝、塌陷等破坏 6 处,一级马道以上边坡洇湿 4 处。

分析认为问题较多的坡面浅层破坏问题、截流沟破坏以及排水沟破坏等问题,均与弱膨胀土段一级马道以上坡面不处理,仅用缓凝土六角框格+植草防护有一定关系。且该问题均集中在同一地区,时间点上基本发生在 2016 年 7 月 10 日暴雨之后以及 2016 年 7 月 19 日特大暴雨之后。对于破坏较多的截流沟问题,在中膨胀土地区可加厚换填层处理厚度,弱膨胀土地区坡顶面也建议换填至开口线以外截流沟下部。

分析认为,问题较多的"换填层破坏问题"及"填方段不均匀沉降"都是在 2016 年"7·19"大雨后发现的,与雨后雨水入渗引起不均匀沉降、塌陷、裂缝等有关。另外,高填方渠段的"金包银"方案应采取措施保证外部换填层与内部弱膨胀性填筑体接触面的密实结合。

第 6 章　膨胀土(岩)渠段常见的
实体问题及原因分析

膨胀土的研究历史,几乎与土力学的发展历史一样久远。20 世纪 30 年代后期,膨胀土造成的工程问题开始引起工程界的重视。20 世纪 40~50 年代,人们开始着手对膨胀土造成的工程破坏现象进行初步分析,并研究补救措施。20 世纪 60 年代膨胀土研究逐渐发展成为世界性的共同课题。20 世纪 70~80 年代是全世界膨胀土研究蓬勃发展的时期,对膨胀土试验的仪器设备和分析理论、膨胀土的现场研究和环境影响,膨胀土地基处理以及膨胀土上基础的专门设计和施工方法等问题进行了深入的研究。

我国是世界上膨胀土分布面积最广的国家之一,膨胀土分布的面积超过 10 万 km^2。20 世纪 70 年代我国开始有组织、有计划地在全国范围内开展大规模膨胀土普查工作,并开展了膨胀土试验与研究工作。1980 年以来,中国的铁路、水利、交通等部门对膨胀土又组织了比较系统的研究,取得了不少有意义的成果,并制定了膨胀土地区建筑规范。本书对大型输水渠道膨胀土(岩)渠段中常见的实体问题进行举例叙述,并对这些问题的发生原因进行分析。

6.1　膨胀土(岩)渠段常见实体问题分类

一般膨胀岩土边坡的处理是在表层换填非膨胀土以起到压重、吸收膨胀变形和保护底部膨胀岩土不受大气降雨影响的作用,当边坡内地下水位较高时应设置排水措施将坡体内地下水导出。坡面表层防护非过水断面采用预制混凝土六棱体框格+植草、混凝土(浆砌石)拱形骨架或菱形骨架+加植草的防护措施,过水断面采用混凝土衬砌或坡面梁+混凝土衬砌等防护措施,以减小降雨对浅层边坡的影响。当边坡内存在长大裂隙时考虑采用深层支挡措施,例如采用抗滑桩、树根桩等方法进行处理。故膨胀岩土边坡在垂直分带上依次为:原边坡、换填处理层、防护层。对于输水渠道,按边坡是否过水分为过水断面和非过水断面,故对于膨胀岩土渠段实体问题一般可分为过水断面的原边坡、换填处理层、防护层破坏以及非过水断面的原边坡、换填处理层、防护层破坏。

对于大型输水渠道过水断面的原边坡或者换填处理层破坏会影响渠道正常运行,后果严重,应避免非自然原因引起的此类破坏。对于过水断面防护层的破坏,即衬砌板隆起、裂缝、错台等问题,应分析原因,确定是否为换填处理层破坏引起的衬砌板破坏问题,并及时修复,避免造成更大的损害。

非过水断面的原边坡或者换填层破坏一般不会影响渠道正常运行,但应排除影响到过水断面的深层边坡滑动以及大方量滑坡破坏影响到渠道正常运行的情况。对于非过水断面防护层的破坏,即截流沟、排水沟、混凝土拱圈、菱形混凝土骨架破坏等问题,应分析原因,排除由于原边坡或者处理层破坏引起的防护结构破坏问题,并及时修复,避免造成更大的损害。

　　根据以上膨胀土(岩)渠段问题发生性质、部位、危害程度和风险,将膨胀岩土渠段发生问题情况划分为膨胀岩土边坡坡体破坏问题、膨胀岩土边坡坡面防护结构破坏问题和膨胀岩土边坡坡顶防护结构破坏问题三大类。其中:膨胀岩土边坡坡体破坏问题又分为边坡整体(深层)失稳破坏、坡面(浅层)破坏和填方段外坡坡体破坏问题;膨胀岩土边坡坡面防护结构破坏问题又分为过水断面渠道边坡防护破坏问题、非过水断面渠道边坡防护破坏问题和堤顶(一级马道)防护层破坏问题;膨胀岩土边坡坡顶防护结构破坏问题又分为坡顶截流沟破坏问题和坡顶防护堤破坏问题。

　　以下按上述分类对大型输水渠道膨胀土(岩)渠段实体问题进行举例,并分析其破坏原因以及引起的风险和影响。

6.2　膨胀土(岩)渠段边坡坡体破坏问题

　　边坡的破坏主要分两种类型:①边坡本身稳定度不足,加上随着时间的推移,边坡发生徐变变形,而最终导致失稳,形成局部或整体滑坡破坏,这类边坡破坏一般规模较大,书中将之定义为坡体深层破坏;②边坡本身满足稳定性要求,但因常年直接暴露在自然大气环境中,经常受到各种自然环境如降雨、风雪、阳光等的影响,使边坡岩土层物理化学性质及受力状态发生变化,进而引发各种变形破坏,其中坡面水流的冲刷破坏最为显著,边坡水流的浸润、冲刷,促使边坡上表层土体强度降低显著,由此引发的失稳破坏现象屡见不鲜。这类边坡破坏一般规模较小,书中将之定义为坡体浅层破坏。

　　第一种情况即深层破坏问题,一般可以在设计中充分考虑并加以克服,但是由于膨胀土的特殊性,即使设计稳定的边坡仍有可能在运行过程中发生破坏。第二种情况即浅层破坏问题,由于降雨对边坡冲刷产生的失稳则较难预测并避免,因此边坡冲刷成了渠道边坡最为常见的一种病害,在大型输水渠道膨胀土(岩)渠段的实体问题中,有多数情况属于雨水引起的坡面浅层破坏问题。

　　大型输水渠道膨胀土(岩)渠段还包括以膨胀土(岩)为地基的填方渠段,故膨胀土(岩)渠段的坡体破坏问题还包括填方渠段外坡坡体破坏,如外坡坡面、坡脚渗水、外坡坡脚隆起开裂、填筑体不均匀沉降引起的堤顶裂缝等破坏问题。以下章节分别对这三种坡体破坏问题进行分析。

6.2.1　内坡深层失稳破坏问题

6.2.1.1　内坡深层失稳破坏问题的表现

　　对于大型输水渠道边坡的深层破坏是指渠道边坡的坍塌或者滑坡现象。边坡岩土体的岩性、边坡的坡角、坡顶荷载的大小、坡顶在荷载作用下的坡面破坏机制等多种因素决定了坡面支护结构的形式。其中,坡面破坏机制就是最重要的一个原因。坡面的破坏只是一个表面现象,比如坡体表面出现裂缝、错台甚至整体向下滑移等,这些现象都是坡体内部已经出现破坏的体现。这就说明坡面破坏是坡体内部受力达到极限或者已经破坏造成的表面现象,因而可以从坡面的破坏探究边坡内部的破坏。

以下对疑似整体(深层)破坏问题进行举例,分析其破坏原因和风险影响,探讨其破坏特征。

1. 非过水断面疑似深层滑动

某段桩号 8+740~8+860 渠道共计 6 级边坡,最大挖深 40 m。其中,一级马道宽 5 m,一级马道以下渠道深 9.77 m,坡比 1∶3;一级马道以上除四级马道宽为 50 m 外,其余马道宽均为 2 m,每级边坡深约 6 m,坡比 1∶2.5。该段渠道为中膨胀土渠段,全断面采用水泥掺量 5% 的水泥改性土换填。其中:一级马道以下渠坡换填厚度为 1.5 m,支护形式为抗滑桩+坡面梁形式支护。一级马道以上渠坡改性土换填厚度为 1 m,该处未设置抗滑桩支护措施。

巡视过程中发现该段非过水断面局部发生排水沟沉陷、断裂,沟壁间距持续缩窄、排水沟内侧沟壁与底板出现脱空现象;一级马道以上坡面防护混凝土拱圈出现连续性裂缝;过水断面衬砌面板出现纵向裂缝。具体过程如下:

(1)2016 年 4 月,桩号 8+782~8+874 左岸二级马道局部坡顶镶边断裂,局部排水沟沉陷、断裂,二级马道排水沟内侧沟壁与底板出现脱空现象。

(2)2016 年 6 月,二级马道排水沟内侧沟壁与底板脱空有进一步发展迹象,四级边坡中上部混凝土拱圈出现连续性裂缝,见图 6-1。

图 6-1 四级边坡中上部混凝土拱圈架出现连续性裂缝

(3)2016 年 7 月中旬至 8 月中旬,约有 10 块衬砌面板发现纵向裂缝,见图 6-2。

(4)2016 年 6 月中旬至 8 月中旬,二级马道排水沟净宽持续缩窄;10 月中旬至 11 月底,沟壁间距在 8 月底缩窄基础上存在持续缩窄趋势,见图 6-3。

(5)2016 年 11 月 19 日,二级马道护肩断裂沉降加剧、局部排水沟裂缝延伸扩展,三级边坡自下而上第一道混凝土拱圈范围内,两处拱圈中部位置开裂、翘起,三级边坡最下一道拱圈与坡脚混凝土镶边接触部位,三级边坡坡脚镶边向渠道内侧倾斜,与土体形成裂缝、错台。

(6)2016 年 12 月 19 日,现场观察并汇总一个月以来信息,四级边坡拱圈裂缝未见明

图 6-2　渠道衬砌面板出现纵向裂缝

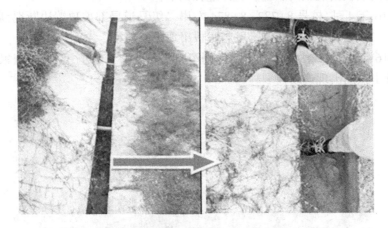

图 6-3　二级马道排水沟内侧向渠道方向倾斜

显变化,二级马道及三级边坡存在问题有进一步发展趋势,主要如下:

①8+800~8+860 段二级马道排水沟持续缩窄,最大缩窄宽度 8+833 处约 1.4 cm;

②三级边坡坡脚镶边向渠内倾斜度明显加深,与土体所形成的台阶明显升高;

③三级边坡镶边断裂长度及裂缝宽度进一步发展,一个月内裂缝宽度扩展最大 6 mm;

④三级边坡自下而上第一道混凝土拱圈两处中部位置开裂、翘起进一步抬升,8+800 处一个月内抬升近 4 cm。

2. 非过水断面内侧二级边坡滑动

2016 年 7 月 19 日强降雨,造成总干渠桩号 13+150~13+340 段左岸内侧二级边坡滑坡,该渠段横断面为挖方断面,左侧挖深约 18 m,右侧挖深 11 m 左右,过水断面设计边坡 1:2.0,二、三级边坡分别为 1:2.25 和 1:2.0。该处典型横断面见图 6-4。

该段在 2012 年施工期间曾经进行滑坡处理。2012 年 7 月 29~30 日,受连续降雨影响,桩号 12+880~13+340 渠段在 8 月 1 日出现滑坡,其中左坡滑坡有明显的原生结构面延伸至一级马道以下过水断面。采取了抗滑桩与换填黏性土结合的处理措施。桩号 12+

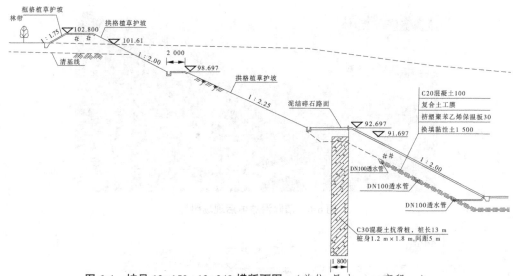

图 6-4 桩号 13+150~13+340 横断面图 (单位:尺寸,mm;高程,m)

880~13+175,抗滑桩布置在一级马道位置,抗滑桩 60 根,桩长 13 m;桩号 13+175~13+340,抗滑桩布置在一级马道以上边坡,抗滑桩 33 根,桩长 15 m,并选取有代表性的桩布置了安全监测设施,其中布置变形点 5 个,测斜管 2 支。

本次(2016 年 7 月)滑坡后缘高出原滑坡后缘,位于坡顶至绿化带之间,距坡顶以外约 2 m 处,前缘位于一级马道附近,滑体呈扇形分布,滑坡后缘滑落错距约 0.6~1.5 m,中间形成多条张拉裂缝,整个滑体呈叠瓦状,两处较大错距约 0.6 m,见图 6-5 和图 6-6。

图 6-5 一级马道以上滑坡情况

3.非过水断面沿换填界面滑动变形

某段左岸桩号 164+632~164+892,该段渠道过水断面边坡坡比为 1:2,一级马道以上为 1:1.75。渠坡自上而下主要由壤土、黏土、泥砾组成,为中等膨胀土段,一级马道以上中膨胀土换填厚度 1 m。该段典型横断面见图 6-7。

该段一级马道以上边坡自边坡顶部坡肩开始下滑,长 260 m,宽 12 m,滑坡深度

图 6-6　清除滑坡体后现场照片

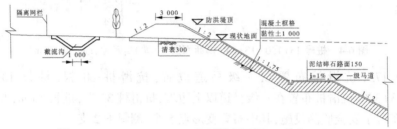

图 6-7　164+632~164+892 典型横断面图　(单位:mm)

1.5 m。2016 年 1 月,现场巡查时发现桩号 164+692~164+742 渠段左岸坡顶有纵向裂缝,2016 年 7 月 19~20 日,工程区内普降暴雨,暴雨持续时间长、强度大,最大日降水量达 218 mm。降雨过后,桩号 164+632~164+892 渠段左侧二级边坡出现滑塌,见图 6-8 和图 6-9。

图 6-8　一级马道以上二级马道以下滑塌情况

6.2.1.2　内坡深层失稳破坏问题原因分析

第一个"疑似深层滑动"属于沿裂隙及裂隙密集带深层滑动,第二个属于沿岩性界面滑动(坍塌),第三个属于沿换填层界面失稳破坏。

图 6-9　桩号 164+737 探槽(滑动面主要沿换填面发展,下部在换填层内)

对于第一个实体问题,2016 年 12 月对该段进行应急加固处理,具体措施如下:①在该段变形体三级边坡采取 3 排伞形锚杆加固。②在坡面增加排水措施,开挖集水槽,集水槽底部设置 PVC 管将水排出。③增加相关安全监测措施 53 处,其中水平垂直位移综合测点 6 个、渠坡土体深埋点 12 个、锚固板测点 15 个、测斜管 3 孔、钢筋计 15 支、测压管 2 孔。

处理后,增加的 32 处排水措施中有 9 处有少量渗水,其余均未见渗水,渗水点分布在四级坡脚 1 处、三级坡脚 7 处及二级坡脚 1 处。分析加固处理后近 4 个月的监测数据显示,处理后边坡变形明显减缓,但仍呈缓慢增加趋势。截至 2017 年 5 月 14 日,由水平垂直位移综合测点数据显示左、右岸方向边坡最大累计位移为 32.5 mm,比处理后又增加 7.4 mm,平均每月增加 1.85 mm;由锚固板测点监测数据显示左右岸方向边坡最大累计位移为 10.98 mm,平均每月增加 2.75 mm;由测斜管监测数据显示左右岸方向边坡最大累计位移为 10.53 mm,平均每月增加 2.63 mm;由钢筋计监测数据显示,钢筋计受力在逐渐增大,最大受力为 91.5 kN,处理后平均每月增加 6.63 kN。由设置的 6 处拱格裂缝人工观测点数据显示,自应急加固处理后至 2017 年 6 月计 5 个月,该段变形体人工测量变形值为 2~5 mm,变形趋于平稳,2017 年 5 月后 3 d 测量一次,截至 2017 年 6 月 27 日拱圈裂缝趋于收敛。由设置的 6 处排水沟的人工观测点数据显示,自应急加固处理后至 2017 年 6 月计 4 个月,该段变形体人工测量变形值为 0~5 mm,变形体处排水沟处于微缩窄状态。

综合分析,该段变形体自应急加固处理后,边坡总体情况朝有利方向发展,但仍需加强观察。

分析认为此处地质条件复杂,全线挖深最大的边坡位于本段,最高达 47 m,边坡下部分布有中、强膨胀土,中下部有强、中膨胀土夹层,一级马道附近分布有弱、中膨胀土界面,具有发生较大滑坡的内部因素。二级马道排水沟侧墙与底板未整体浇筑,导致坡面局部变形时脱开。一级马道地面水进入衬砌板下方,扬压力大于渠道水压力和衬砌板自重时,衬砌板上浮力分布不均,可能使衬砌板开裂。从处理后的监测数据可以看出,该段一级马道以上发生了滑动,钢筋计受力在一直增大,测斜管、锚固板、水平垂直综合位移计监测的结果均表明处理后该段左右岸方向边坡位移仍呈缓慢增加趋势,疑似发生深层滑动。

第二个实体问题,滑坡体的岩性主要为泥砾,部分为原滑坡后回填土。滑动面穿过泥砾层,基本呈圆弧型,滑坡前缘下部为黏土岩。分析认为该滑坡是沿泥砾层与黏土岩界面的滑动破坏,强降雨,坡顶坡面雨水通过泥砾裂隙渗入膨胀土界面,导致界面处于饱和状态,抗剪强度降低,上部泥砾被拉裂,发生局部滑移。膨胀岩为相对隔水层,其顶面为滑坡变形失稳的滑动面。

第三个实体问题,分析认为强降雨入渗造成浅表层土体饱和软化,抗剪强度降低,在换填面附近形成薄弱部位且边坡较陡(1:1.75),导致浅表层土体失稳滑塌。

6.2.1.3　内坡深层失稳破坏问题的风险及影响

深层破坏指膨胀土(岩)渠段渠坡失稳,滑坡体影响到一级马道危及渠道过水断面,或一级马道以下过水断面的膨胀土(岩)基础发生位移、沉陷等影响过水断面的膨胀土(岩)问题。

对于第一个实体问题,一级马道以上混凝土拱圈连续性裂缝、局部边坡变形,一级马道以下衬砌板裂缝、隆起,且随时间持续发展,测斜管等监测资料亦表明位移持续增大,初步分析边坡发生深层滑动可能性较大,影响到一级马道危及渠道过水断面,风险等级高。

对于第二个实体问题,考虑该问题发生在膨胀土渠段部位,滑塌范围较大,具有一定的危害程度和风险隐患,应加强对相邻渠段及相似地质条件渠段的观测、巡查,风险等级高。

对于第三个实体问题,属于换填层破坏问题,发生在一级马道以上,考虑该问题发生在膨胀土(岩)渠段部位,滑塌范围较大,具有一定的危害程度和风险隐患,风险等级高。

6.2.2　内坡浅层破坏问题

6.2.2.1　内坡一级马道以上边坡浅层破坏的表现及原因分析

内坡浅层破坏包括坡面侵蚀、剥落、蠕变、位移、滑塌等,一般对正常输水影响较小。

从地表以下,膨胀土(岩)的分布具有较为明显的分带特征,地层垂向上大致可分为三个带,即大气影响带、过渡带、非影响带。研究表明,膨胀土(岩)地区的大气影响带深度一般为1.0~2.5 m,最深不大于3 m,因土性和当地气候环境条件不同而呈现一定的差异性。大气影响带的土体长期经受干湿循环,胀缩裂隙发育,土体的整体性遭到破坏,表层土被裂隙分割成散粒状,增大了土体的表面蒸发面积,加速水分流失而导致表土松散剥落,遇降雨时吸水膨胀,易形成坡面冲沟。

南阳、新乡膨胀土(岩)试验及类似工程经验证明,采取改性土(或非膨胀土)表层保护与混凝土拱形骨架相结合的工程措施,对冲沟(雨淋沟)防治、减少大气对膨胀土(岩)渠坡表层土破坏作用、抑制膨胀土(岩)渠坡的浅层滑动、减少膨胀土(岩)膨胀变形对渠道衬砌结构破坏作用等能起到较好的效果。目前,弱膨胀土(岩)渠段一级马道以上未采取换填处理,虽然采取混凝土拱形骨架内置框格+植草等不同形式的表层防护措施,但在强降雨条件下,尤其是植被较差的条件下,易形成局部冲刷、滑塌的情况。

大型输水渠道膨胀土(岩)渠段坡面(浅层)破坏问题均属于由雨水、径流冲刷引起的坡面侵蚀,典型案例如下。

1. 某段桩号 108+710~108+730 内坡冲刷

本渠段为全挖方渠道,共两级坡,边坡坡比从下向上依次为 1:2、1:1.5,渠底到一级马道以上 2 m 范围内为弱膨胀性粉质黏土,一级马道以下弱膨胀土处理换填厚度为 1.4 m,一级马道以上不换填仅进行边坡防护,护坡形式为混凝土六角框格内植草。坡面和马道设置排水沟,横向排水沟间距 60 m;纵向排水沟设置在各级马道上靠近坡脚一侧,与横向排水沟贯通。该处边坡在强降雨后发生长 20 m、宽 8 m、深约 0.5 m 的冲刷破坏,见图 6-10,断面处理设计见图 6-11。

图 6-10　桩号 108+710~108+730 内坡冲刷破坏

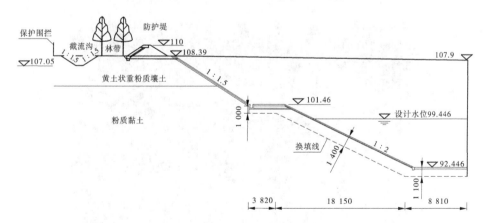

图 6-11　桩号 108+710~108+730 膨胀土处理设计图　(单位:尺寸,mm,高程,m)

分析认为,暴雨入渗使草皮护坡下的坡体(上层黄土状粉质壤土,下层弱膨胀性粉质黏土)饱和软化,尤其坡脚处的弱膨胀性粉质黏土表层土体抗剪强度降低明显,造成坡脚表层土体滑移、坍塌,一般深度不超过 1 m。

2. 某渠段桩号 104+550～104+620(长约 70 m)坡面

　　某渠段桩号 104+550～104+620(长约 70 m)坡面冲刷严重,最大雨淋沟深度约 10 cm,部分坡面混凝土拱形骨架内植草稀疏,土体大面积裸露,多冲刷雨淋沟,见图 6-12、图 6-13。

图 6-12　桩号 104+550～104+620 段渠坡

图 6-13　坡面植草稀疏雨林沟较多

为避免大气降水导致渠道坡面形成雨淋冲沟,渠坡均设置了排水沟和格构拱,见图 6-14。拱格内摊铺 10 cm 厚耕植土,种植高羊茅或狗牙根,见图 6-14。

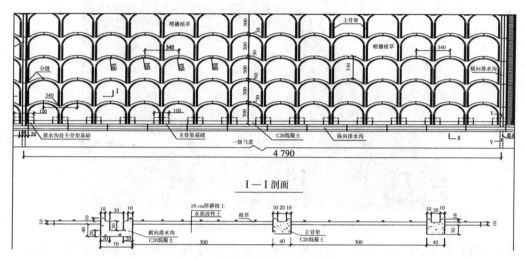

图 6-14　渠坡设计图　(单位:mm)

分析认为,坡面冲刷是由于耕植土中表面有机质覆盖在黏性土颗粒表面后,使黏性土失去黏聚力,即一类分散性土,在很小水力梯度作用下发生冲蚀。坡面植草稀疏大面积裸露,形成雨淋沟。

6.2.2.2　内坡浅层破坏的风险及影响

内坡浅层破坏包括坡面侵蚀、剥落、蠕变、位移、滑塌,未危及一级马道或渠道过水断面的问题。但是浅层破坏若不及时处理,膨胀土胀缩性、裂隙性的工程特性,反复干湿循环后会造成土体开裂、强度降低,出现局部坍塌,进而形成牵引式滑坡,雨水入渗后可能危及一级马道及过水断面,故浅层破坏也需及时处理。采取改性土(或非膨胀土)表层保护与混凝土拱形骨架相结合的工程措施,可有效地预防浅层破坏的发生,暴雨后对某大型输水渠道进行调查,从调研资料中可以看出,90%的浅层破坏均发生在未进行换填处理的弱膨胀渠段一级马道以上边坡。

6.2.3　填方段外坡坡体破坏问题

6.2.3.1　填方段外坡坡体破坏的表现及原因分析

填方渠段外坡坡体破坏,包括外坡坡面、坡脚渗水,外坡坡脚隆起开裂,坡体内有洞穴,填筑体不均匀沉降引起的堤顶裂缝以及外坡裂缝、变形、滑坡等破坏问题。暴雨后对某大型输水渠道进行调研,调研过程中收集到的主要是填筑体不均匀沉降引起的堤顶裂缝、外坡坡体局部变形问题,其他外坡坡体破坏问题暂未发现。

某渠段桩号 23+940~25+530 右岸渠堤沥青混凝土路面,出现两条纵向裂缝(见图 6-15)。一条距防浪墙侧约 1 m 左右,最宽 1~2 cm;另一条距路缘石 1.2 m 左右。2016年 11 月用沥青封缝,截至 2017 年 6 月已经再次开裂,路缘石变形明显,显示下沉特征。

该部位为"金包银"填筑,即里面填筑弱膨胀土,外包 1 m 厚的水泥改性土,填筑的弱膨胀土和外包的水泥改性土同步施工,渠基清基 50 cm 后,还对地表 50 cm 厚范围内的渠

图 6-15　沥青路面分布两条纵向裂缝

基土层进行翻压,压实度不小于设计要求压实度,同时渠堤顶部设置防浪墙,典型结构设计图见图 6-16。

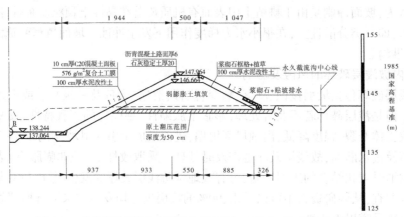

图 6-16　"金包银"填方典型结构设计图　(单位:尺寸,mm;高程:m)

开挖探坑发现探坑沿防浪墙侧裂缝,探坑揭示:裂缝向下延伸 1 m 左右,上部约 90 cm 内的 4 条裂缝清晰可辨,呈断续羽列式展布,裂缝陡倾渠堤中心,接近下部弱膨胀土填土时消失;裂缝两侧均为改性土,改性土底部有 3~4 cm 土较疏松,含水量较高,呈可塑状,地面向下约 1.3 m 进入弱膨胀土(见图 6-17 和图 6-18)。

从探坑揭示的填土性状分析,裂缝主要由差异沉降变形造成。

高填方渠堤基础清基后需按设计要求将基础进行翻压,翻压后应及时回填堤身,堤身外包的水泥改性土及里面的弱膨胀土应同步施工,压实度应满足设计要求,否则极易引起后期的沉降变形过大;堤顶的防浪墙在进行开挖浇筑时,也应将基础清理干净并夯实,否则后期极易引起防浪墙发生沉降变形,从而导致防浪墙附近的衬砌板及路面开裂;防浪墙和衬砌封顶板应按要求封闭到位,否则雨水极易通过衬砌封顶板和防浪墙之间的结构缝渗入衬砌板底部,造成衬砌板隆起变形。

图 6-17　防浪墙侧裂缝部位开挖探坑

图 6-18　探坑内揭示的裂缝呈断续羽列式展布

　　分析认为,填方渠段不均匀沉降问题均发生在"金包银"填方渠段,主要原因是填筑土体的不均匀沉降产生了裂缝,雨水进入裂缝,加剧了后期变形的发展。

6.2.3.2　填方段外坡坡体破坏的风险及影响

大型输水渠道填方段外坡坡体破坏的情况主要为外坡渗透破坏和外坡边坡失稳破坏,以及可能会出现的蚁兽侵害等。外坡渗透破坏即外坡坡面、坡脚渗水,有可能形成渗漏通道,造成流土破坏,影响渠道边坡稳定。外坡边坡失稳即外坡坡脚隆起开裂、填筑体不均匀沉降引起的外坡裂缝、变形、滑坡等破坏问题,危及渠道边坡稳定,影响通水安全。渠堤内的蚁兽洞穴,天长日久,巢穴不断扩大,纵横交错,四通八达,直至穿通渠堤,当渠堤迎水面防渗层破坏,水便从渠堤迎水坡洞穴灌进,再顺四通八达的蚁兽洞穴从背水坡渗漏而出,渗漏水流不断带走填土,随之就会形成散浸、渗漏、跌窝、管涌、滑坡等险情,甚至酿成重大事故。

6.3　膨胀土(岩)渠段边坡坡面防护结构破坏问题

6.3.1　过水断面渠道边坡防护结构破坏问题

渠道混凝土衬砌是渠道水流输送的保障,混凝土衬砌可以提高渠道水流输送的效率,增加渠道的耐久性,使渠道可以防渗节水,极大程度上提高渠道的整体质量,为渠道提供了一层保护屏障。但现浇混凝土衬砌容易出现隆起、裂缝,若不及时处理将逐渐导致渠道衬砌的破坏,特别是在膨胀土渠段可能引起更深层次的边坡滑塌,故对衬砌面板隆起、裂缝应高度重视。

根据形成的原因不同,渠道衬砌板裂缝可分为以下几种:

(1)塑性收缩裂缝。是指混凝土在凝结前,表面因失水较快而产生的收缩,此类裂缝常出现在混凝土表面,形状规则长短不一,互不连贯,裂缝较浅,一般在混凝土浇筑后 2~3 h 出现。

(2)干缩裂缝。多出现在混凝土养护结束后的一段时间或是混凝土浇筑完毕后的半月左右,此类裂缝表现为表面性、纵横交错、无规律、分布不均,表面多为沿短边方向分布,在板类或较薄的平面混凝土结构中尤其容易发生。

(3)沉陷裂缝。常见于渠基换填处、高填方渠道和工程地质不稳定地区,呈较大的贯穿性裂缝,往往上下或左右有一定的错距。其产生原因是混凝土下的地基或垫层压实不均匀,局部有松软地基,夯实不够,渠道填方预沉降不够或欠压实。

(4)冻胀裂缝。在冬季输水渠道上,水流温度较高,水面附近的渠坡,渠基冻胀力最大,常出现纵向裂缝,且由于日照不同,渠道阴坡、阳坡冻胀程度差异较大,阴坡比阳坡遭受冻胀破坏明显得多。热胀裂缝,物体受热膨胀,遇冷收缩,渠道衬砌也一样,夏季受热混凝土板伸长,冬季遇冷,混凝土板收缩。混凝土板收缩时断面上产生较大的拉应力,当拉应力大于混凝土板抗拉应力时,断面就开裂、断开。此种裂缝一般沿渠道横断面出现,伸缩缝间距越大,越容易产生衬砌伸缩裂缝。

对某大型输水渠道膨胀土(岩)渠段进行暴雨后调研,在收集的资料中,衬砌板隆起、裂缝问题较少,占实体问题总数的7%,下面列举几个典型案例进行具体分析。

6.3.1.1　某渠段桩号 10+276 左岸衬砌板隆起

2016 年 7 月,发现某渠段桩号 10+276 处渠道左岸衬砌面板局部出现裂缝、隆起,见图 6-19。问题部位主要是左岸自渠顶以下第二、三块衬砌面板中部出现贯穿性横向裂缝,裂缝延伸至水面以下,裂缝宽度约 6 mm,同时在裂缝处出现隆起,隆起高度约 3.6 cm。利用水下视频监控系统对该位置渠道面板进行查看,发现该位置横向裂缝发展至第四块面板,未向下发展。对隆起部位进行分块切割,将混凝土块清除,过程中查看面板下部土体无明显裂缝及变形,随后采用同强度等级混凝土进行浇筑封闭,水下衬砌面板隆起采用沙袋压重,防止隆起进一步发展,截至 2017 年 6 月未发现异常。处理后现场见图 6-20。

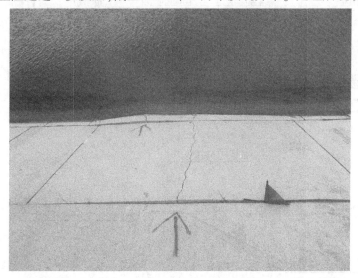

图 6-19　10+276 渠道左岸两块面板裂缝、隆起部位近景照

图 6-20　10+276 渠道左岸面板隆起处理

初步分析可能是衬砌分缝处未能吸收其混凝土由于热胀而产生的变形,致使从混凝土板应力集中处或混凝土板相对薄弱处产生裂缝。

6.3.1.2 某渠段桩号 162+041 右坡衬砌板隆起

桩号 162+041 渠段右侧一级马道位置为挖填过渡段,自上游向下游由挖方渠段过渡为半挖半填渠段。典型横断面见图 6-21。

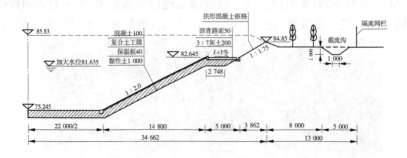
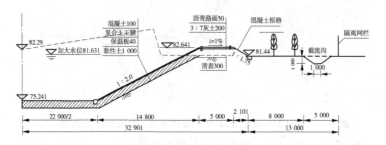

图 6-21 桩号 162+041 位置上下游横断面图 (单位:尺寸,mm;高程:m)

2016 年 7 月 19 日暴雨后,发现桩号 162+041 内坡衬砌板第二块上部拱起 3 cm,长度 7 m。分析认为,该断面右侧一级马道为半挖半填形式。由于 7 月 19 日降雨量较大,发生问题位置路面高程局部较低(见图 6-22),雨水积蓄在该位置一级马道路面后,顺路面面层与路缘石分缝处渗入右侧坡衬砌混凝土底板下部,造成过水断面局部衬砌板隆起。

6.3.1.3 某渠段桩号 32+072.8 衬砌板损坏

某渠段为半挖半填渠道,过水断面边坡坡比 1:2.5,渠底以上 4 m 范围内为强膨胀性黏土岩,采取了换填+土锚杆+混凝土框格梁的加固措施。处理措施典型断面见图 6-23。

该渠段桩号 32+072.8,坡肩向下第二、三块衬砌板局部沉陷,最大错台 3 cm,沉陷部位上部衬砌板有 1 条纵向裂缝,长 5 m,见图 6-24 和图 6-25。

发生损害部位在桥梁墩柱附近,初步分析可能与墩柱周围回填土体局部密实度欠佳有关。

衬砌板裂缝问题,虽然该风险点位于关键部位,但是如果裂缝属于静止裂缝,经一段时间观测不再继续发展,由于热胀、冻胀或者衬砌板后水压力引起等,与膨胀土相关的可能性较小,则该问题不影响边坡稳定和渠道正常使用;如果裂缝继续发展,经分析由膨胀

图 6-22　桩号 162+041 处右侧岸顶地形

Ⅳ(AY)31+370~Ⅳ(AY)32+168　长 798 m

典型断面Ⅳ(AY)32+015.6

1:200

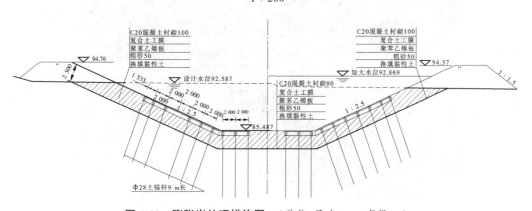

图 6-23　膨胀岩处理措施图　(单位:尺寸,mm;高程,m)

土变形引起的可能性较大,则风险级别高应及时处理。

6.3.2　非过水断面渠道边坡防护结构破坏问题

坡面防护的前提条件是坡面处于稳定状态,其主要作用:一是减缓温差与湿度变化的影响,以延缓软弱岩土表面的风化、碎裂、剥蚀演变进程;二是隔离边坡上土体,以减少坡面水流对表面土体的直接雨水冲刷,从而维持边坡的浅层稳定性,并在一定程度上还可兼顾美化和协调自然环境。

对某大型输水渠道膨胀土(岩)渠段进行暴雨后调研,在收集的资料中,坡面混凝土排水沟、混凝土拱形骨架、混凝土菱形骨架等坡面防护结构破坏问题占实体问题总数的

图 6-24 桥梁下部衬砌板沉降错台(一)

图 6-25 桥梁下部衬砌板沉降错台(二)

15%,其中问题较多且有代表性的为混凝土拱形骨架裂缝以及坡面混凝土排水沟挤压变形。

混凝土拱形骨架裂缝:现场查勘发现在排水沟上沿附近相近高度混凝土拱圈普遍出现有规律性的裂缝,主要原因有两点:一是该结构形式造成的,由于固端与悬壁结构的结合部位混凝土未分缝;二是拱形骨架基础变形共同作用,见图 6-26。

混凝土排水沟挤压变形:为了尽快排除渠道坡面水,防止渠坡表层受到冲刷,除坡面防护措施外,还需在渠坡上布置排水沟。如果一级马道以上边坡排水沟出现淤堵、排水不畅,则渠坡表层将受到冲刷破坏,雨水进入坡体进而引起坡体内部膨胀岩土的变形破坏,造成土体滑移、排水沟侧墙挤压变形。

图 6-26　某段混凝土拱圈裂缝

非过水断面边坡防护体损坏基本不影响渠道正常使用,对边坡稳定的影响程度较小。但是如果防护结构破坏是由膨胀土渠坡变形引起,有可能是深层边坡滑动的外在表现,需要引起注意。

6.3.3　堤顶(一级马道)防护层破坏问题

堤顶破坏问题包括路面沉陷、裂缝问题,一级马道路面与路缘石交界处、衬砌板与路缘石交界处局部拉裂问题,设置防浪墙的渠段堤顶路面不均匀沉降引起的防浪墙错位问题,一级马道排水沟与路面间裂缝问题,桥梁引道沥青路面与路缘石结合处开裂问题,外侧混凝土坡肩下滑、损坏问题,以及路缘石(防浪墙)、界桩、界碑等构筑物损坏问题。

路面沉陷、裂缝问题:如 6.2.3 节中某渠段桩号 23+940～25+530 渠道右岸堤顶裂缝。堤顶路与路缘石之间裂缝问题:见图 6-27,堤顶路与路缘石之间裂缝宽约 1 cm。

一级马道排水沟与路面间裂缝问题:见图 6-28,某处一级马道纵向排水沟与路面之间裂缝宽约 4 cm。

堤顶(一级马道)路面沉陷、裂缝,如果发生在膨胀土(岩)挖方渠段,则该裂缝可能是渠道边坡深层破坏的表象,且裂缝本身也会引起雨水入渗,造成衬砌板隆起、裂缝等问题,如果有渗漏通道雨水进入膨胀土(岩)坡体内部,还会引起坡体内部的膨胀变形及坡体软化,造成边坡失稳;如果发生在膨胀土(岩)填方渠段,则该裂缝可能是由填筑体不均匀沉降引起,引起填方渠段的外坡滑坡或者形成渗漏通道造成外坡渗漏破坏。

路缘石与一级马道交界处的裂缝和衬砌板与路缘石交界处的裂缝,会形成雨水的入渗通道,可能造成衬砌板后水压力上升,使衬砌板隆起、裂缝、错台等。

一级马道与马道上纵向排水沟交界处裂缝,会形成雨水的入渗通道,可能造成一级马道纵向排水沟侧墙的倒塌、变形破坏等。

图 6-27　堤顶路与路缘石交界处裂缝

图 6-28　一级马道排水沟与路面间裂缝

6.4　膨胀土(岩)渠段边坡坡顶防护结构破坏问题

6.4.1　坡顶截流沟破坏的表现形式、原因分析及风险影响评价

由于修建渠道后会截断原地面坡水和大量汇水面积不大的排水河沟通道,并且在局部可能会形成积水洼地,使坡面水和积水不能排出,为排除渠外地面的坡水,疏通串流区和渠道截断的原有排水通道,需在渠外设置截流沟(或导流沟),将雨水或积水引入附近有排水通道的河沟,截流沟(或导流沟)布置在渠道岸顶。

在膨胀土(岩)渠段,为避免截流沟中的雨水渗入坡体造成膨胀土(岩)边坡的破坏问题,对膨胀土(岩)在坡顶出露渠段的坡顶截流沟(或导流沟)采取防护截流措施。可采用 C15 现浇混凝土衬砌,缝内填止水材料,部分渠段在截流沟(或导流沟)衬砌板下铺设土工膜进行防渗,中、强膨胀土在地表出露的渠段采用非膨胀性土换填对坡面进行封闭,防止地表水入渗和坡面冲刷。同时为减少林带内降雨入渗,要求林带区域内地面应坡向截流沟一侧。坡度不小于 2%。

坡顶截流沟破坏问题主要包括截流沟淤堵、排水不畅,截流沟衬砌板倒塌、破损、裂缝、隆起等,以及截流沟内水进入坡体、截流沟坡体塌陷、破坏等。

截流沟淤堵、衬砌板混凝土表面出现剥离现象,见图 6-29。

图 6-29　某段桩号 78+200 左岸上游截流沟衬砌板破坏

某段渠道桩号 107+620 处截流沟顶部地表水直接进入防渗土工膜下方,导致混凝土板隆起、局部裂缝,见图 6-30。

对某大型输水渠道膨胀土(岩)渠段进行暴雨后调研,在收集的资料中,截流沟破坏问题占实体问题总数的 30%。分析认为直接设置在膨胀土(岩)层中的厚仅 5~8 cm 的截流沟衬砌板,在外侧膨胀土干缩和湿胀过程中,会产生斜向甚至碎裂性破坏;截流沟外包防渗土工膜会使截流沟在外水压力作用下上浮,不均匀上浮时会产生横向断裂破坏。

截流沟如果存在淤堵、排水不畅,造成截流沟内水进入坡体,不但会造成总干渠内坡坡面的冲刷破坏,严重的会影响膨胀土边坡的整体稳定以及雨水进入衬砌板背侧后造成

图 6-30　某段右岸渠道桩号 107+620 处衬砌板错台

衬砌板隆起等危及一级马道以下过水断面的事情发生,而且渠外水进入总干渠也影响总干渠的水质安全。截流沟坡体及衬砌板如果破坏,会使截流沟内雨水进入坡体,坡内膨胀土(岩)遇水膨胀变形、强度降低,可能造成膨胀土(岩)渠坡变形、滑坡等破坏现象。

6.4.2　坡顶防护堤破坏的表现形式、原因分析及风险影响评价

对某大型输水渠道膨胀土(岩)渠段进行暴雨后调研,在调研收集的资料中,发现防护堤的破坏问题主要是雨水冲刷导致的破坏问题,与膨胀土(岩)无关,该实体问题发生实例较少,其特点是均发生在特大暴雨后。

防护堤内坡冲刷:某公路桥左岸防洪堤冲口宽大约 6 m,冲刷最深 1.5 m。破坏原因为强降雨后,地表水泄洪不畅,水位高于防洪堤顶面,形成漫溢,在该处造成集中冲刷,导致坡面损坏(见图 6-31)。

图 6-31　某公路桥左岸防洪堤冲口内坡冲刷破坏

防护堤外坡坍塌:某处渠道右岸防护堤外侧边坡坍塌。工程所在地突降特大暴雨,其中某日凌晨 2 时至上午 11 时降雨量达到 429.6 mm,暴雨造成土体含水量饱和,使防护堤外坡液化坍塌,见图 6-32。

图 6-32　防洪堤外坡坍塌

在挖方渠段,为了避免渠外地表水漫流入渠,设置防护堤。如果防护堤被冲毁、决口或由动物洞穴、不均匀沉降引起的防护堤坡体坍塌、滑坡等,使渠外地表水流入渠道,不但会造成渠道一级马道以上内坡坡面的冲刷破坏,严重的会造成衬砌板隆起等危及一级马道以下过水断面的事情发生,且外水入渠也影响渠道的水质安全。

6.5　膨胀土(岩)渠段实体风险点防控的必要性

本章所介绍的整体边坡破坏、换填层破坏、坡面浅层破坏、填方段不均匀沉降、衬砌面板隆起、裂缝、截流沟、排水沟、混凝土拱圈、菱形框格破坏等都是大型输水渠道膨胀土(岩)渠段渠道运行过程中常见的实体问题。

有些问题看似严重,如某段工程左岸桩号 9+100~9+480 段,二、三级坡面混凝土拱圈出现间断性连续裂纹、裂缝,水面以上衬砌面板分布多条纵向裂缝,局部衬砌板出现隆起、错台,间隔发现 4 根桩顶衬砌板出现纵向挤压裂缝,出现裂缝的衬砌板敲击空鼓,这些现象看似边坡内发生了深层滑动,但经过一段时间的观察,混凝土拱圈裂缝、衬砌面板混凝土错台及衬砌面板裂缝均未有明显发展变化,且一级马道以上边坡没有发现变形,监测资料显示:垂直于渠道中心线方向及平行于渠道中心线方向累计位移较小,对该段混凝土衬砌面板隆起、错台采用切割、清除隆起部分,浇筑同强度等级混凝土的处理措施,据施工过程揭露,面板以下土体无裂缝、隆起及沉陷等现象;且重新浇筑的混凝土面板性状良好,未产生新的隆起、错台现象,故经时间检验,该段内发生的上述现象暂不支持深层滑动的结论。

有些问题在发现之初往往并不起眼,其表现出的危害似乎也不大,经常不能引起管理人员的足够重视。如坡面浅层破坏、填方段不均匀沉降、衬砌面板隆起、裂缝、截流沟、排水沟、混凝土拱圈、菱形框格破坏等问题,但是随着时间的推移,许多问题日积月累,最终可能发展成影响渠道膨胀土渠段运行安全的重大事故。

目前,在水利工程输水渠道膨胀土渠段运行管理中,并没有实体风险点的研判标准和处理规范。在实际工作中,基层管理单位在遇到实体问题时常常不知所措,一些处理措施未能达到预期的效果。本书将针对大型输水渠道膨胀土(岩)渠段中的各类风险点,提出相应研判标准和处理对策,供基层运行管理单位在实际工作中参考使用。

第 7 章　膨胀土(岩)渠段实体问题研判

第 6 章介绍了膨胀土(岩)渠段工程中常见的实体问题。这些问题的出现构成了膨胀土(岩)渠段渠道安全运行的潜在风险。本章将根据以上对实体问题的分类分别提出各类风险点的研判标准。

7.1　实体问题的研判原则

对膨胀土(岩)渠段实体风险点进行研判,主要目的是分析、评价风险点对膨胀土(岩)渠段总干渠运行安全的威胁程度,研判主要应考虑以下几个方面的因素:

(1)实体风险点对渠道边坡稳定的影响程度;

(2)实体风险点对渠道正常输水的影响程度;

(3)实体风险点的形成是否与膨胀土(岩)有关;

(4)实体风险点的实际损坏部位、损坏范围、损坏程度;

(5)实体风险点进一步的发展是否可控;

(6)实体风险点处理难度、对正常输水的影响及处理投资。

本章将依据实体风险点以上几个方面的特征,采用定性结合定量的方式对膨胀土(岩)渠道的实体风险点进行综合研判。评价风险点的风险威胁程度采用"严重""较重""一般"三个等级(部分风险点评价可能只包含个别等级)。

"严重"级代表:风险点通常由外界因素加膨胀土(岩)工程特性共同引起,损坏较严重,影响边坡稳定和渠道正常使用,若不处理,情况可能进一步恶化,处理难度较大。如膨胀土(岩)渠段渠坡失稳,滑坡体影响到一级马道,危及渠道过水断面,或一级马道以下过水断面的膨胀土基础发生位移、沉陷等影响过水断面的膨胀土问题;或是进行换填处理的膨胀岩土渠段换填层土体发生蠕变、位移、滑塌等现象,影响到一级马道危及渠道过水断面或影响过水断面的膨胀土问题。

"较重"级代表:风险点通常由外界因素加膨胀土(岩)工程特性共同引起或可能与膨胀土(岩)有关,但造成的损害基本不影响边坡稳定和渠道正常使用。如挖方渠段一级马道以上膨胀岩土边坡土体发生蠕变、位移、滑塌等破坏现象但尚未危及一级马道或渠道过水断面的问题。

"一般"级代表:风险点形成的原因与膨胀土(岩)有一定关系,但造成的损坏不影响边坡稳定和渠道正常使用。如膨胀土(岩)渠段护坡结构断裂、排水沟淤堵、截流沟护砌变形等问题。

7.2　膨胀土(岩)边坡坡体破坏问题研判

7.2.1　挖方渠段边坡坡体破坏问题风险研判

7.2.1.1　有明显滑坡表象的坡体破坏问题风险研判

如果出现以下现象的,说明边坡已经发生了滑动,风险等级为"严重"。

(1)边坡后部出现拉张裂缝,并逐渐贯通,有下错感;

(2)两侧常出现面向滑动方向呈八字形、羽状雁行排列的剪切裂缝,随滑坡后部向前移动,两侧羽状裂缝逐渐向主体部分的中部发展;

(3)边坡面上尤其是坡脚、边坡中下部或坡面岩土转折部位应力较为集中处,出现横切可能滑动方向的剪切裂缝(剪出口);

(4)衬砌板出现明显断裂、隆起现象。

7.2.1.2　未见明显滑坡表象的坡体破坏问题风险研判

边坡的失稳破坏是边坡的变形发展到一定程度的结果,变形与破坏之间是一个发展过程,其间存在着量、质转化的关系。多数滑坡的滑动从变形迹象结合各种检测手段反映,已证实可划分出蠕动、挤压、微动、大动和固结五个阶段。所以,滑坡在大规模滑动形成之前,都具有一定的前兆,应根据不同的情况进行风险等级判定。

(1)非过水断面混凝土骨架出现连续性裂缝、坡面排水沟出现倾斜、缩窄现象,或以上两种情况有其一者,经观察,以上破坏现象均不随时间持续发展(至少经历一个汛期),且坡面也无明显变形,则有可能是结构本身、外水渗入或土体本身固结引起的问题,判断风险等级为"一般";非过水断面出现雨淋沟、坡面侵蚀、剥落等由冲刷引起与膨胀岩土相关的可能性较小的问题时,判断风险等级为"一般"。

(2)非过水断面混凝土骨架出现连续性裂缝、坡面排水沟出现倾斜、缩窄现象,或以上两种情况有其一者,经观察,裂缝持续发展,或排水沟持续缩窄,或坡面局部有明显鼓包、塌陷变形的,但一级马道路面无裂缝、沉陷等问题,过水断面衬砌板无裂缝、隆起、错台等破坏现象发生,则可能是非过水断面由表层膨胀土(未做换填处理的弱膨胀土段)引起的滑坡产生的前期征兆,由于在一级马道以上,判断等级为"较重"。

(3)非过水断面混凝土骨架有连续性裂缝,坡面排水沟出现倾斜、缩窄现象,伴随过水断面衬砌板裂缝、隆起、错台,一级马道裂缝、沉陷或有明显水平位移发展等现象,但坡面无明显变形的,应加强观测,看上述裂缝、倾斜等破坏现象是否随时间持续增长,如果该处布置有监测点,则应根据监测数据综合判断,是否有变形异常,是否危及一级马道及以下过水断面,如果没有监测点则应增设监测点,监测点的布置应能满足各级边坡安全监测需要。综合分析,若上述破坏现象(混凝土骨架裂缝、排水沟倾斜、缩窄、衬砌板裂缝、隆起等现象)无发展,则判断等级为"一般",若持续发展,则根据监测资料判断坡体变形是否危及一级马道及过水断面,如果不危及一级马道及过水断面则判断风险等级为"较重",如果危及一级马道及过水断面,则判断等级为"严重"。

(4)非过水断面防护结构无破坏现象,一级马道路面裂缝、沉陷等,伴随衬砌板裂缝、隆起、错台现象的,应加强观测该现象是否随时间持续发展变化,如果不随时间变化则分析由膨胀土基础变形引起的可能性较小,判断风险等级为"一般";如果随时间变化则可能是换填层变形或膨胀岩土基础变形引起的,判断等级为"严重"。

7.2.2　膨胀土(岩)填方渠段坡体破坏研判

一般的高填方边坡的不稳定与变形通过不均匀沉降、表层开裂与局部塌陷甚至整体滑塌等表现出来。首先,弱膨胀土填筑的渠段采用了"金包银"的方案,其次要变形因素是内部填筑的弱膨胀土体,根据其两个主要特征提出"金包银"渠段坡体破坏研判标准:

(1)渠道土体存在沉陷、洞穴等,判断为"严重"风险等级;

(2)渠道土体存在裂缝或土体滑塌的,判断为"严重"风险等级;

(3)渠道内、外坡坡脚隆起、开裂的,判断为"严重"风险等级;

(4)渠堤坡面或坡脚渗水、洇湿或有少量清水的判断为"一般"风险等级,连续流出清水的判断为"较重"风险等级,连续流出浑水的判断为"严重"风险等级;

(5)反滤体塌陷、土体流失的判断为"严重"风险等级;

(6)坡脚长期积水、浸泡的判断为"较重"风险等级;

(7)堤顶路面沉陷、未出现裂缝的判定为"较重"风险等级,堤顶路面出现裂缝的判断为"严重"风险等级。

7.2.3　边坡工程变形要求

边坡工程及支护结构变形值的大小与边坡高度、地质条件、水文条件、支护类型、坡顶荷载等多种因素有关,变形计算复杂且不成熟,关于边坡变形的计算和控制,目前还未形成完整的计算和控制理论,仅有积累的工程经验和定性认识。为此,《建筑地基基础设计规范》(GB 50007)、《建筑边坡工程技术规范》(GB 50330)等技术文件给出了一些原则性的规定和要求。

对于大型输水渠道膨胀土(岩)渠段,一级马道及其以下发生的任何形式的滑坡,均会影响输水渠道的正常运行,都属于严重风险影响等级。但边坡的失稳破坏是边坡的变形发展到一定程度的结果,故可根据边坡的位移、沉降观测值、支护结构情况以及坡体周边环境来预判边坡的安全情况,边坡工程施工过程中及监测期间遇到下列情况时应及时报警,并采取相应的应急措施:

(1)有软弱外倾结构面的岩土边坡支护结构坡顶有水平位移迹象,或支护结构受力且结构变形有发展;无外倾结构面的岩质边坡支护结构坡顶累计水平位移大于 5 mm;土质边坡支护结构坡顶的累计最大水平位移已大于边坡开挖深度的 1/500 或 20 mm,或位移速率大于 5~10 mm/d,或其水平位移速度已连续 3 d 大于 2 mm/d。

(2)土质边坡坡顶邻近构筑物的累计沉降、不均匀沉降或整体倾斜已大于现行国家标准《建筑地基基础设计规范》(GB 50007)规定允许值的 80%,或建筑物的整体倾斜度变化速度已连续 3 d 每天大于 0.000 08。

(3)坡顶邻近构筑物出现新裂缝,原有裂缝有新发展。

(4)坡顶土体出现连续性裂缝且有发展趋势,同时护坡结构发生断裂、错台迹象明显的。

(5)边坡底部或周围土(岩)体已出现可能导致边坡剪切破坏的迹象或其他可能影响安全的征兆。

(6)根据当地工程经验判断已出现其他必须报警的情况。

7.3　膨胀土(岩)边坡坡面防护结构破坏问题研判

坡面防护主要是针对受自然因素作用易产生不利于稳定及环境保护问题的边坡坡面采取适当的防护措施,以达到保持边坡的长期稳定和安全、防止水土流失、保护环境的目的。

对于位于渠道水面线以下的膨胀土(岩)边坡,由于膨胀土(岩)浸水后体积膨胀,在无侧限条件下则发生吸水湿化,强膨胀土(岩)浸水后几分钟内很快就完全崩解,弱膨胀土(岩)浸水后则需经过较长时间才逐步崩解,同时土体吸水软化后强度急剧衰减,如果不进行坡面防护阻隔水分进入坡体,则很难形成稳定边坡,滑坡、坍塌不断。对于位于渠道水面线以上的膨胀土(岩)边坡,如果长期裸露,在自然风化应力和雨水冲刷的作用下,将会发生冲沟、溜坍、剥落、掉块和坍塌等坡面变形,影响边坡稳定,同时剥落或冲蚀的碎屑物,往往堵塞排水沟,使排水不畅。因此,必须采取相应的坡面防护措施,防止和消除上述不利影响。

大型输水渠道膨胀土(岩)渠段,一级马道以下坡面防护主要采用非膨胀性土换填+混凝土现浇板衬砌+复合土工膜防渗+保温板+粗砂垫层和软式透水管及逆止阀排水坡面防护措施。一级马道以上弱膨胀土段无换填处理,直接采用植草或骨架植草+坡面纵横向排水沟的防护措施,中强膨胀土段采用非膨胀性土换填+植草或骨架植草+坡面纵横向排水沟的防护措施。堤顶(一级马道运行维护路)采用沥青路面或泥结碎石路面,在一级马道临渠侧设路缘石,路缘石与一级马道以下衬砌结构中的封顶板相交处采用密封胶填充,避免水分进入衬砌板下或坡体中,造成衬砌板隆起、错台、裂缝等或坡体膨胀变形、强度降低失稳等。以下章节针对以上三种坡面防护结构可能出现的破坏问题进行研判。

7.3.1　过水断面渠道衬砌板裂缝、隆起、破损等问题风险研判

7.3.1.1　衬砌板裂缝风险研判

裂缝鉴别一般从裂缝现状、裂缝的开裂时间和裂缝的发展变化及裂缝的观测周期四个方面调查分析,其鉴别的主要内容有以下几个方面。

1. 裂缝现状

裂缝现状调查包括对所处理裂缝调查其产生形式、裂缝宽度、裂缝长度、是否贯通、缝内有无异物及裂缝宽度的变化等情况。

1)裂缝宽度

裂缝宽度是判断裂缝对混凝土结构物影响程度的重要参数,应预先查明裂缝宽度是否发展变化,因为它是分析开裂原因、决定修补及补强加固方法的重要项目。

2)裂缝位置与分布特征

一般应调查清楚裂缝位于渠道边坡的第几块衬砌板上、裂缝在衬砌板上的位置等。

3)裂缝的方向与形状

一般裂缝的方向与主拉应力方向是相互垂直的,因此要注意分清裂缝的方向。要注意区分裂缝的形状是上宽下窄,上窄下宽,两端窄、中间宽或宽度变化不大等不同情况,因为由不同的原因导致的裂缝的形状是不同的。

4)裂缝的深度和长度

检查裂缝的深度主要区别裂缝是浅表裂缝还是较深的甚至贯穿性裂缝。裂缝长度与分析裂缝开裂原因及判断是否加固修补关系不大,然而根据裂缝的长度可以大致搞清楚裂缝是局部原因引起的还是较广范围原因引起的。

2.裂缝的开裂时间

裂缝的开裂时间是判断开裂原因的重要依据,所以必须慎重判断。一般来说,发现裂缝的时间和裂缝的开裂时间是不一致的,因此必须多方搜集线索,参考裂缝宽度的变化情况记录进行综合分析判断。

3.裂缝的发展变化

裂缝的发展变化是指裂缝长度、宽度、数量等方面的变化。在对裂缝处理前一定要分清裂缝是活动裂缝还是静止裂缝。

4.裂缝的观测周期

根据《工程测量规范》(GB 50026),应根据裂缝变化速度确定。裂缝初期可每半个月观测一次,基本稳定后宜每月观测一次,当发现裂缝加大时应及时增加观测次数,必要时应持续观测。

大型输水渠道膨胀土(岩)渠段渠道衬砌板裂缝风险判定标准如下:

(1)衬砌板存在裂缝,但经过一段时间观察,裂缝无发展趋势,属于静止裂缝,判断风险等级为"一般";

(2)衬砌板存在裂缝,但经过一段时间观察,裂缝有一定发展趋势,分析原因是环境因素引起,如温度、外水压力等,判断风险等级为"一般";

(3)衬砌板存在裂缝,缝密集,并且发展速度快,分析原因可能是换填层变形,或膨胀土(岩)基础发生变形引起的,判断风险等级为"严重"。

7.3.1.2　衬砌板隆起、塌陷等变形破坏风险研判

降雨导致渠道地下水位抬高,或者受膨胀土(岩)基础膨胀力的作用,渠道运行水位变化较大、渠坡排水系统局部不畅等各种原因,导致渠坡混凝土衬砌板发生抬起变形现象。其风险等级评定标准如下:

(1)由换填层基础发生变形引起的衬砌板隆起、塌陷等现象,判断风险等级为"严重";

(2)由降雨导致渠道地下水位抬高,亦或渠道运行水位变化较大、渠坡排水系统局部不畅等非膨胀岩土原因引起的衬砌板隆起、塌陷等现象,判断风险等级为"一般"。

7.3.1.3　衬砌板破损风险研判

渠道一级马道以下衬砌板破损主要指自然因素引起的衬砌板冻融剥蚀破坏,其风险等级为"一般"。

7.3.1.4　衬砌板填缝材料破损风险研判

止水密封胶受施工质量、水流冲刷等因素的影响,可能出现破损、脱落问题。但密封胶一般仅作为渠道衬砌的辅助防渗材料,其破损对渠道的正常运行和安全所构成的风险较低。密封胶破损风险等级可评价为"一般"。

7.3.2　非过水断面拱形骨架、菱形框格、排水沟等防护结构破坏风险研判

非过水断面指挖方渠段一级马道以上渠道断面以及"金包银"填方渠段外坡。对于挖方渠段非过水断面防护结构风险点研判,如果防护结构(拱形骨架或菱形框格)出现连续性裂缝,并伴随局部错台、脱空等现象,或坡面排水沟出现倾斜、缩窄等现象,应加强观测,若经过一段时间(至少经历一个汛期)的观测,该裂缝、变形等现象不再发展,人工巡视未见坡面明显变形,且监测资料显示坡体无异常变形的(如果有监测点),判定为"一般"风险等级;若经过一段时间的观测,该裂缝、变形随时间持续发展,则应结合该处监测资料进行判断(如果此处没有设监测点,则应加设变形监测点,变形监测点的布置应能满足各级边坡变形监测的要求),监测资料显示坡体有异常变形的,或人工巡视发现坡面有明显变形或边坡土体出现裂缝,初步可以判断该部位已出现滑坡的前期征兆,如果影响到一级马道危及渠道过水断面,判定为"严重"风险等级,如果未危及一级马道或渠道过水断面判定为"较重"风险等级。

对于"金包银"填方渠段,如果防护结构(拱形骨架或菱形框格)出现连续性裂缝,并伴随局部错台、脱空等现象,或坡面排水沟出现倾斜、缩窄等现象,应加强观测,若经过一段时间(至少经历一个汛期)的观测,该裂缝、变形等现象不再发展,人工巡视未见坡面明显变形,且监测资料显示坡体无异常变形的(如果有监测点),判定为"一般"风险等级;若经过一段时间的观测,该裂缝、变形随时间持续发展,则应结合该处监测资料进行判断(如果此处没有设监测点,则应加设变形监测点,变形监测点的布置应能满足各级边坡变形监测的要求),监测资料显示坡体有异常变形的,或人工巡视发现坡面有明显变形或边坡土体出现裂缝,初步可以判断该部位已出现滑坡的前期征兆,判定为"严重"风险等级。

7.3.3　堤顶(一级马道运行维护路)破坏风险研判

堤顶(一级马道运行维护道路)上的构筑物包括一级马道纵、横向排水沟(挖方渠段),运行道路、路缘石(挖方段临渠侧及填方段道路两侧),界桩,界碑,防浪墙(部分渠段)等。风险判断标准如下:

(1)挖方渠段由膨胀土(岩)基础(边坡)发生滑动、变形引起的一级马道纵横向排水沟倾斜变形,运行道路裂缝、沉陷,路缘石,封顶板,界桩,界碑等损坏的,判定等级为"严重";非膨胀土(岩)原因引起的一级马道纵、横向排水沟破损,运行道路沉陷、开裂、碾压破坏的,路缘石与封顶板嵌缝不饱满、开裂、脱落等现象的,判定等级为"一般"。

(2)"金包银"填方渠段,如果堤顶出现裂缝,判定为"较重"风险等级;如果堤顶土体出现裂缝且裂缝持续发展并伴随差异沉降的,判定为"严重"风险等级;如果堤顶无裂缝,但防浪墙与封顶板之间嵌缝不饱满、开裂、脱落的、堤顶道路沉陷、开裂、碾压破坏的,判定等级为"一般"。

7.4　膨胀土(岩)边坡坡顶防护结构破坏问题研判

7.4.1　坡顶截流沟破坏风险研判

坡顶截流沟破坏问题主要包括截流沟淤堵、排水不畅问题,截流沟衬砌板倒塌、破损、裂缝、隆起等问题,以及截流沟内水进入坡体、截流沟坡体塌陷、破坏等问题。

(1)截流沟淤堵、排水不畅问题与膨胀土(岩)无关,风险点位于非关键部位且造成的损坏不影响边坡稳定和渠道正常使用,判定为"一般"风险影响等级。

(2)截流沟衬砌板隆起、破损、冲毁等,一般由地基沉降、降雨冲刷引起的或由膨胀土(岩)胀缩变形引起的,基本不影响边坡稳定和渠道正常使用,判定为"较重"风险影响等级。

7.4.2　坡顶防护堤破坏风险研判

在挖方渠段,为了避免渠外地表水漫流进入总干渠,设置防护堤。防护堤的破坏问题主要有坍塌或溃口、裂缝、雨淋沟以及洞穴等,一般与膨胀土(岩)无关,故其风险等级定义为"一般"。

第 8 章　膨胀土(岩)渠段监测资料的分析与研判

第 7 章重点介绍了各类实体风险点的外观表现及研判标准,本章结合第 7 章内容,根据安全监测特点,提出监测资料的分析方法、监测数据异常分类、研判标准以及异常情况处置,并借助某大型输水渠道一些膨胀土(岩)渠段的监测资料,进行案例分析。

8.1　监测资料分析内容及方法

8.1.1　监测资料分析工作内容

监测资料分析是在对监测资料整理后,采用绘制过程线、分布图、相关图与测值比较等方法对其进行分析与检查。

监测资料分析分两个方面:一是对监测效应量的变化情况和变化规律进行研究;二是要对影响监测效应量的有关因素加以考查。

影响监测效应量的因素有观测因素、环境因素和结构因素等。

(1)观测因素中属于不可避免的偶然误差会影响观测值的精确性(精度),观测系统误差会影响观测值的正确性,而观测中的粗差会使测值歪曲失真。分析资料时要对它们加以分辨和处理。

(2)影响监测值的环境因素有水位、气温、水温、降水、地下水,以及可能传播到工程区域的较强地震的震动等;施工期还应考虑结构自重的变化、开挖与填筑、爆破振动等因素。有些主要因素应与监测效应量有同期对应的观测数值,并在监测分析中加以考虑。

(3)渠道边坡支护结构、处理措施和地质条件是决定监测效应量的内因。监测资料分析时要把这些因素考虑进去,并加以分析研究。

监测资料分析工作内容包括以下四个方面:

(1)监测成果可靠性和准确性的分析评定。

(2)监测效应量的数值范围、分布态势、沿时变化规律及主要影响因素之间关系的定性分析。

(3)异常值的判断。

(4)监测渠道工程、边坡等的工作性态评价。

8.1.2　监测资料分析方法

常用的监测资料分析方法有比较法、作图法、特征值统计法及数学模型法。

比较法有监测值与监控指标相比较、监测物理量的相互对比、监测成果与理论的或试验的成果相对照三种。

作图法,根据分析要求,画出相应的过程线、相关图、分布图以及综合过程线图等。

特征值统计法,对物理量的历年最大值和最小值(包括出现时间)、变幅周期、年平均值及年变化趋势等进行统计分析。

数学模型法,建立效应量(如位移、渗流量等)与原因量(如库水位等)之间的定量关系,可分为统计模型、确定性模型及混合模型。

8.1.3　监测物理量正负号规定

监测物理量的正负号规定如下:

(1)渠道水平位移:向下游为正,向干渠中心线为正,反之为负。

(2)垂直位移:下沉为正,上升为负。

(3)吸力探头监测:基质吸力为负压。

(4)应力、应变:拉为正,压为负。

(5)压力:压为正,反之为负。

(6)结构倾斜:向临空面方向为正,反之为负。

8.1.4　膨胀土(岩)渠段边坡变形监测资料分析方法简析

对于大型输水渠道膨胀土(岩)渠段安全监测的主要目的是通过科学地分析监测数据中蕴涵的变形特征,从中发现边坡的变形趋势和变形规律,据之对边坡的变形进行预报,这对输水渠道安全具有重要的现实意义。

人们通常将边坡未发生整体崩塌前的变形或位移视为边坡变形,如边坡马道和地表面出现裂缝,局部小范围产生的滑落、垮塌等,此时的边坡并不失其完整性。边坡受内因的作用而产生的变形、位移,经常导致裂缝延长增宽,局部的垮塌、滑落。这些现象往往是边坡整体失稳破坏的前兆,边坡失稳破坏是指边坡变形到一定程度,在外因(如降雨)的诱发下而导致边坡解体,整体崩滑。如果在边坡整体失稳前,利用一定的技术手段加以分析边坡的变形和稳定性并做出预测,在一定条件下加以治理,边坡通常不会发生整体破坏,且处理代价和难度均较低。

一般来说,边坡变形分析的大致过程是先排除异常数据的干扰;选择监测基准,应用平差理论估计出不同观测时间的变形模型参数(变形量);对变形体(如边坡)随时间的变化特征进行几何分析;对变形体变形原因做出物理解释,利用变形趋势和变形规律进行预测预报。本节仅对变形体的变化特征常用的衡量指标及其稳定性评价进行论述。

边坡的变形是一个动态过程,显然从变形到整体失稳破坏是一个与时间有关的复杂累进性过程,即蠕动体变形。而这样的变形最终由监测点的位移得以反映。用于监测点时空位移特征分析常用的绝对指标主要有累计位移量、累计位移速率等指标。如果仅用绝对指标凸显不出监测点的相对稳定状态,假如某个监测点自监测以来的累计位移速率为 0.1 mm/d,其中某一天的位移速率为 0.5 mm/d,表面上看二者的变形速率都很小,但这天的位移速率却增加了 5 倍,相对而言是不稳定的,这种相对变化量在变形分析时不容忽视,为此,需要研究相对指标描述监测点的相对稳定性。

8.1.4.1　累计位移量

　　累计位移量顾名思义就是监测点从某个时刻算起到当前时刻发生的总位移量,可分为垂直方向的位移和水平方向的位移,也可用三维位移表示监测点在三维空间内发生的位移量。累计位移是衡量监测点变形状态的一个基本指标,通过累计位移总体上能够把握变形区域发生了多大的位移,例如哪个监测点自监测以来发生的累计位移最大或变形区域哪部分发生的累计位移量最大。

　　设监测点初始的空间坐标为 (x,y,z),经过时间 t 后,其发生的三维累计位移量为 $\mathrm{d}s = (\mathrm{d}x, \mathrm{d}y, \mathrm{d}z, t)$,则三维空间上的累计位移量为

$$\mathrm{d}s(t) = \sqrt{\mathrm{d}^2x + \mathrm{d}^2y + \mathrm{d}^2z} \tag{8-1}$$

　　由式(8-1)可知,经过 t 后监测点的坐标会发生改变 $(x + \mathrm{d}x, y + \mathrm{d}y, z + \mathrm{d}z, t)$,一般来说,坐标值与发生的位移量相比是一个微小量,在有些情况下,可以将经过 t 后测点的坐标近似为原来的坐标 (x, y, z)。

8.1.4.2　累计位移速率

　　在工程实践中经常采用位移速率刻画变形区域的稳定性,监测点在经过时间周期 T 发生的累计位移速率为

$$\overline{v_s}(T) = \frac{1}{T} \sum_{i \in T} \mathrm{d}^i s(t) \tag{8-2}$$

　　时间周期与观测周期时间尺度可以一致也可以不一致。例如,观测周期为小时,时间周期选择为天;观测周期为天时,时间周期可为周或月;观测周期为月时,时间周期可选择为季度或年。由此可见,根据时间周期和观测周期可以选择在某种时间尺度下度量累计位移速率。

　　累计位移速率常用来判断边坡变形演化处于哪个阶段,学术界普遍认为边坡的变形演化分为三个阶段,即初始变形阶段、等速变形阶段和加速变形阶段,边坡变形演化的三阶段规律是边坡岩土体在重力作用下变形演化所遵循的一个普遍规律。目前,常见的边坡变形阶段识别方法有地质综合定性识别法和累计位移速率法,其中累计位移速率法是根据累计位移—时间过程曲线呈现出的特征识别边坡变形发展的三个阶段,如图 8-1 所示。

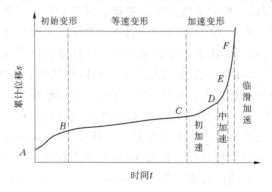

图 8-1　边坡变形阶段划分

8.1.4.3　累计位移速率角

从累计位移—时间过程曲线图上需要人工进行定性的分析和判别,对于自动化监测系统还需要定量实时分析。王家鼎、张倬元根据边坡位移—时间曲线的形态特征,提出了累计位移速率角(曲线切线角)用于判别边坡处于哪个变形阶段,计算监测点的切线角公式如下:

$$\delta_i = \arctan \frac{S(i) - S(i-1)}{B(t_i - t_{i-1})} \quad (i = 1, 2, \cdots, n) \tag{8-3}$$

其中　$B = \dfrac{S(n) - S(1)}{t_n - t_1}$

式中:i 为开始时刻到截至计算时刻的时间序数($i = 1, 2, \cdots, n$);$S(i)$ 为对应的累计变形量;t_i 为累计的监测时间。

从式(8-3)中可以看出,监测点的切线角如果趋于减小,表明边坡处于初始变形阶段;如果维持一个恒定值,表明边坡处于等速变形阶段;如果逐渐增大,表明边坡进入加速阶段。因此,可用切线角的线性拟合方程的斜率来判定边坡处于哪个阶段,式(8-4)是计算斜率的公式,拟合结果 A 小于 0 时,表明边坡位于初始变形阶段;A 等于 0 时,表明边坡位于等速变形阶段;A 大于 0 时,表明边坡位于加速变形阶段。

$$A = \frac{\sum_{i=1}^{n} (\delta_i - \bar{\delta})(t_i - \bar{t})}{\sum_{i=1}^{t} (t_i - \bar{t})^2} \tag{8-4}$$

式中:$\bar{\delta}$ 为 δ_i 的平均;$\bar{t}$ 为 t_i 的平均值。

8.1.4.4　累计位移速率比

以上 3 个指标是衡量监测点变形特征的绝对指标,是带有量纲的。衡量监测点的变形特征,既要考虑长期的累计位移速率,也要顾及短期的位移速率。本书将短期位移速率和累计位移速率的比值定义为累计位移速率比作为衡量、评价监测点变形状态的一个相对指标,以此来分析监测点的相对稳定状态。

设监测点从 t_0 为初始时刻到当前时刻 t_m 的累计位移速率为 $\bar{v}$,短期内从 t_p 到 t_m 的变形速率为 v,则累计位移速率比 λ 定义为

$$\bar{v} = \frac{\sum s}{t_m - t_0}$$

$$v = \lim_{\Delta t \to 0} \frac{\Delta s}{\Delta t} \tag{8-5}$$

$$\lambda = \frac{v}{\bar{v}}$$

式中:$\Delta t = t_m - t_p$ 为选定的时间间隔;Δs 为 Δt 期间内发生的累计位移量;$\sum s$ 为 t_0 到 t_m 期间发生的累计位移量。

特殊的是,当一个监测点始终处于稳定状态,即 Δs 和 $\sum s$ 为零的情况,更为特殊的是监测点的累计位移 $\sum s$ 在某个时间点或时间段变为零的情况,虽然出现这种情况的可能

性极小,实际计算时,给 $\sum s$ 增加一个微小量避免分母为零的情况。

特别强调的是,为突出短期内监测点的变形状态,尽量缩短时间间隔 Δt,Δt 通常取 1 个监测周期的间隔,通过 λ 的值从以下三个方面可定量分析监测点的变形状态。

(1)根据 λ 的计算序列对监测点相对稳定状态进行等级划分:设监测点从 t_0 为初始时刻到当前时刻 t_m 总共经历了 u 个 $\Delta t_i (i=1,2,\cdots,u)$,由式(8-5)计算每个 Δt_i 期间发生的 $\lambda_i (i=1,2,\cdots,u)$,得到的 λ_i 彼此独立。由中心极限定理可知,随着 u 值的增加,λ_i 序列近似为正态分布,为此,可以根据 λ_i 序列的结果将监测点的变形状态划分为不同的等级。具体方法是用 λ_i 的平均值 $\bar{\lambda}$ 和各个时段的 λ_i 计算出对应的残差值 v_i 以及标准差 σ,参考极限误差大于 3 倍标准差 σ 这一准则,将监测点的相对稳定状态分成四个等级,即当 $|\theta_i| \leqslant \sigma$ 时,认为稳定;当 $\sigma < |\theta_i| \leqslant 2\sigma$ 时,为较稳定;当 $2\sigma < |\theta_i| \leqslant 3\sigma$ 时,为不稳定;当 $3\sigma < |\theta_i|$ 时,为极不稳定,其中标准差的计算公式为

$$\bar{\lambda} = \frac{1}{u}\sum_{i=1}^{u}\lambda_i$$
$$\sigma = \sqrt{\frac{[\theta\theta]}{u-1}}$$

(8-6)

式中:$\theta_i = \lambda_i - \bar{\lambda}(i=1,2,\cdots,u)$;$u$ 为 Δt 的个数;$\bar{\lambda}$ 为均值。

(2)根据 λ 的符号分析累计位移量的变化。当 $\lambda_i > 0$ 时,表明监测点相比前一个 Δt_{i-1} 的累计位移量增加;当 $\lambda_i = 0$ 时,表明监测点对比前一个 Δt_{i-1} 的累计位移量没有变化;当 $\lambda_i < 0$ 时,表明监测点对比前一个 Δt_{i-1} 的累计位移量减小。

(3)根据 λ 的绝对值的大小分析位移速率的变化:$|\lambda_i| > 1$,表明监测点在 Δt_i 期间的位移速率相比累计位移速率加快;$|\lambda_i| = 1$,表明监测点在 Δt_i 期间的位移速率相比累计位移速率没有变化;$|\lambda_i| < 1$,表明监测点在 Δt_i 期间的位移速率相比累计位移速率是减小的。如果 λ 的值越来越大,意味着沿监测点的位移速率越来越快。

8.2 监测数据异常分类及风险研判

8.2.1 监测数据异常分类

监测数据异常主要指监测物理量测值异常,其主要类型如下:

(1)加速异常:监测物理量变化速率突然超过监控标准的速率指标限值或前期已观测成果表现的变化速率而加速变化的现象。

(2)速率异常:监测物理量变化速率呈等速率变化,等速率变化使监测物理量接近监控标准指标限值,仍无收敛趋势,或监测物理量变化出现与已知原因量无关的变化速率。

(3)超限异常:监测物理量出现超过安全监控标准指标的限值或数学模型预报值等情况。

(4)趋势异常:监测物理量变化趋势突然加剧或变缓,或发生逆转,如从正向增长变为负向增长,而从已知原因量变化不能做出解释。

(5)振荡异常:监测物理量呈振荡变化,变化速率反复增、减的变化过程,变化极值超过监控标准指标限值。

8.2.2　监测异常风险研判

8.2.2.1　监控标准指标

工程运行期的监控标准指标是以设计给出的设计参考值(包括设计警戒值、设计初判值、设计经验值)为基础,在运行过程中根据监测资料分析和数学模型计算不断进行调整,逐渐形成符合工程实际安全度的控制指标。

8.2.2.2　异常风险研判

根据监测物理量评价膨胀土(岩)渠段工程实体受威胁程度,分"严重""较重""一般"三个等级。监测异常风险研判应尽可能与实体风险点研判相结合,根据膨胀土(岩)渠段的特点,监测数据异常风险研判标准如下:

(1)当监测变形量或其变化速率不小于警戒值时,风险等级为"严重"。如变形监测中,当监测部位位于一级马道及其以上坡体时,监测部位的累计最大水平位移已大于或等于 20 mm,则风险等级为"严重";当监测部位位于一级马道以下坡体时,监测部位的累计最大水平位移已大于或等于边坡开挖深度的 1/500 时,则风险等级为"严重";监测点位移速率大于 5 mm/d 时,则风险等级为"严重";监测点水平位移速度已连续 3 d 大于 2 mm/d 时,则风险等级为"严重"。

(2)当监测变形量或其变化速率均小于警戒值时,应根据监测变形量过程线进行判断。当累计位移量过程线无突变但呈持续增大、无收敛趋势时,则风险等级为"一般";当累计位移量过程线有突变时,则风险等级为"较重"。

(3)当根据以上物理量或其变形速率判断得出某测点的风险等级不同时,其风险等级应按其中最高等级确定。

8.3　监测异常情况处置

8.3.1　异常值的分析处置

(1)监测物理量异常识别。将原始数据录入数据库,根据物理量和变化速率进行异常值判识。

(2)异常数据校验。判识异常值,对监测仪器设施性能进行检测,检测内容和方法按相关规程、规范执行,排除监测仪器设施性能异常,方可确认测值异常。

(3)监测变形量异常处置。根据变形值异常情况,进行异常成因分析,并结合实体问题风险研判情况启动相应处置程序。

8.3.2　监测异常的处置程序

可根据现有渠道的实际情况,进行监测异常的处置,一般程序如下。

8.3.2.1 "一般"等级风险异常值处置程序

(1)立即报告现地管理处相关负责人。

(2)立即对异常值部位进行巡查,列为重点巡查部位。

(3)必要时可适当加密监测频次。

(4)列入安全监测问题管理台账。

8.3.2.2 "较重"等级风险异常值处置程序

(1)立即报告现地管理处相关负责人。

(2)立即对异常值相应区段进行巡查、检查,列为重点巡查部位,加密巡查频次。

(3)适当加密监测频次,对观测盲区增设临时观测设施。

(4)应对该区段相关监测资料组织专题分析,并结合实体研判情况研究提出处置措施,并组织实施。

(5)列入安全监测问题管理台账。

8.3.2.3 "严重"等级风险异常值处置程序

(1)立即报告现地管理处相关负责人。

(2)将相关情况及时上报,必要时启动应急预案。

(3)立即对异常值相应区段进行巡查,列为重点巡查部位,必要时派专人蹲守。

(4)适当加密监测频次,必要时增加其他辅助监测手段。

(5)应对该区段安全性组织分析评估,并结合实体研判情况研究提出处置措施,组织实施,并将处置情况上报。

(6)列入安全监测问题管理台账。

8.4　典型案例分析

渠道安全状态初步评价,是在监测资料初步分析的基础上,采用各种方法进行定性、定量以及综合性的分析,对渠道工程各种监测项目进行评价后,并结合巡视检查资料和实体研判情况对渠道整体工程的工作状态做出初步评价。借助调研过程中收集的一些膨胀岩土典型渠段的资料,主要从变形、渗流及环境量监测等方面进行监测资料典型案例分析。

8.4.1　变形监测资料分析

选择某渠段桩号 8+740~8+860 左岸为典型案例进行变形监测资料分析。该段自 2016 年发现三级坡有变形迹象,于 2017 年 1 月采取锚加固措施并增设了安全监测点位,以下分析内容均以加固后增设监测点的数据为依托。

8.4.1.1　内部变形观测

某渠段桩号 8+740~8+860 左岸疑似发生深层滑动,该段内共设测斜管 6 支,其中一级马道上桩号 8+834 处 1 支;二级马道上共 2 支,分别为桩号 8+834、8+839;三级边坡上 3 支,分别为桩号 8+835、8+805 和 8+770。图 8-2 为 8+834 处左岸渠坡一级马道测斜管垂直于渠道中心线方向的变形过程线,截至 2017 年 6 月,累计最大位移 6.14 mm(向渠内变形),发生在测斜管顶部,发生时间为2017年5月27日,未超过边坡变形预警值(20 mm)。且测斜管4 m以下坡体变形过程线基本收敛,测斜管4 m以上部分由于坡体换填、渠内水等的影响变形略大,但过程线整体无突变现象,故判定该监测点数据异常风险为"一般"。

图8-3为8+834处左岸渠坡一级马道测斜管平行于渠道中心线方向的变形过程线,截至2017年6月,累计最大位移7.08 mm(向渠道下游方向),发生在测斜管顶部处,发生时间为2017年1月22日,未超过边坡变形预警值(20 mm)。且一级马道至渠底以下5 m范围内受渠内水以及膨胀土胀缩特性的影响,测斜管过程线较发散,渠底5 m以下受渠内水的影响小,测斜管过程线趋于收敛,测斜管过程线整体无突变现象,结合该测斜管垂直于渠道中心线方向的变形过程线图综合判定该监测点数据异常风险为"一般"。

2017年11月又对该处监测数据收集,分析其经过一个汛期后的变化趋势。

将图8-4和图8-2进行对比,测斜管过程线发生突变,时间为2017年9月,突变的部位是距测斜管顶部14 m以下区域,根据设计资料,该处一级马道上抗滑桩长13.6 m,分析认为抗滑桩锚固端头以下坡体出现向渠内侧变形。测斜管顶部位移呈逐渐增大趋势,最大累计位移10.10 mm,发生在2017年9月21日,位置为测斜管顶部以下0.5 m处,垂直于渠道中心线方向。综合分析,判断该处数据异常风险等级为"较重"。

将图8-5和图8-3进行对比,测斜管过程线发生突变,时间为2017年9月,位移方向向渠道上游。

图8-6为8+834处左岸渠坡二级马道测斜管垂直于渠道中心线方向的变形过程线,截至2017年6月,累计最大位移5.13 mm(向渠内变形),发生在测斜管顶部向下1 m处,发生时间为2017年6月10日,未超过边坡变形预警值(20 mm)。但2017年6月10日的测斜管过程线发生突变,由于数据有限,无法判断以后的发展趋势,认为此处应加强观测,判断变形量是否继续增大,过程线是否有收敛趋势。判断该监测点数据异常风险为"较重"。

图8-7为8+834处左岸渠坡二级马道测斜管平行于渠道中心线方向的变形过程线,截至2017年6月,累计最大位移8.03 mm(向渠道上游方向),发生在距测斜管顶部以下2 m处,发生时间为2017年3月26日,未超过边坡变形预警值(20 mm)。二级马道以下6 m范围内受大气降雨以及坡内地下水的影响,测斜管过程线较发散,结合该测斜管垂直于渠道中心线方向变形过程线图综合判定该监测点数据异常风险为"较重"。

2017年11月又对该处监测数据收集,分析其经过一个汛期后的变化趋势。图8-8为8+834处左岸渠坡二级马道测斜管垂直于渠道中心线方向经历2017年汛期后的测斜管过程线。

由图8-8得,测斜管过程线一直处于增长阶段,最大累计位移8.47 mm,发生时间为2017年10月13日。判断该监测点数据异常风险为"较重"。

图8-9为8+839处左岸渠坡二级马道测斜管垂直于渠道中心线方向的变形过程线,截至2017年6月,累计最大位移7 mm(向渠内变形),发生在测斜管顶部,发生时间为2017年6月10日,未超过边坡变形预警值(20 mm)。且测斜管2 m以下坡体变形过程线收敛,测斜管2 m以上部分由于坡体换填、大气降雨等的影响变形略大,但过程线整体无突变现象,故判定该监测点数据异常风险为"一般"。

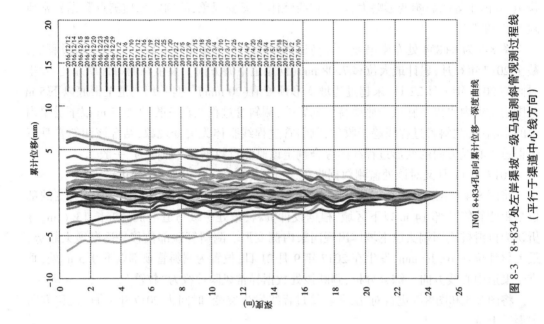

图 8-3　8+834 处左岸渠坡一级马道测斜管观测过程线（平行于渠道中心线方向）

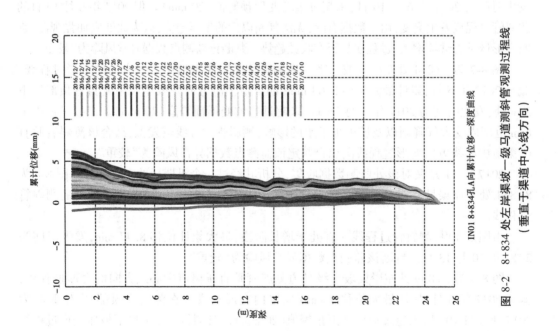

图 8-2　8+834 处左岸渠坡一级马道测斜管观测过程线（垂直于渠道中心线方向）

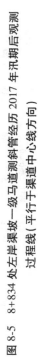

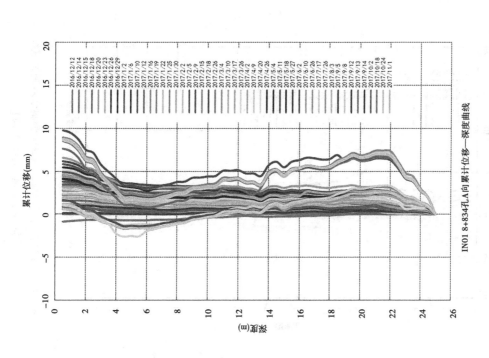

图 8-5　8+834 处左岸渠坡一级马道测斜管经历 2017 年汛期后观测
过程线(平行于渠道中心线方向)

图 8-4　8+834 处左岸渠坡一级马道测斜管经历 2017 年汛期后的观测
过程线(垂直于渠道中心线方向)

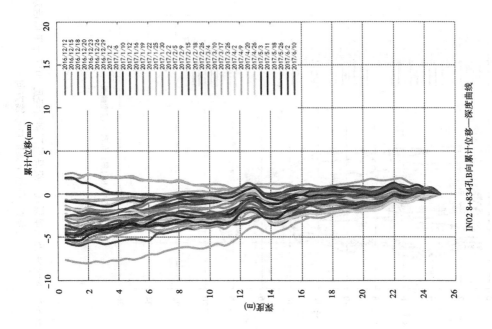

图 8-7　处 8+834 处左岸渠坡二级马道测斜管观测过程线
（平行于渠道中心线方向）

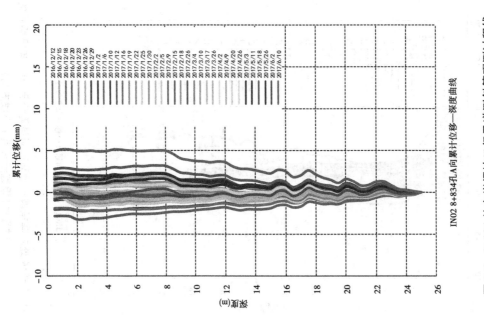

图 8-6　8+834 处左岸渠坡二级马道测斜管观测过程线
（垂直于渠道中心线方向）

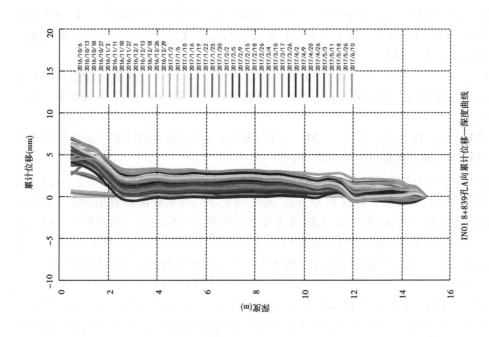

图 8-9　8+839 处左岸渠坡二级马道测斜管观测过程线
（垂直于渠道中心线方向）

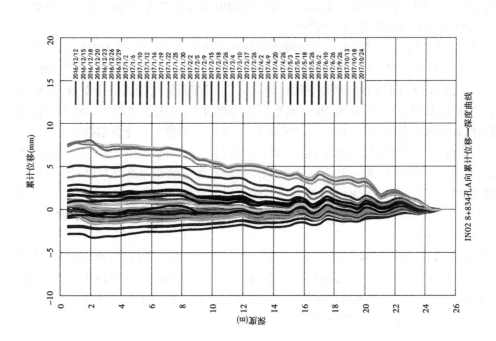

图 8-8　8+834 处左岸渠坡二级马道测斜管经历 2017 年汛期后观测过程线

图 8-10 为 8+839 处左岸渠坡二级马道测斜管平行于渠道中心线方向的变形过程线,截至 2017 年 6 月,累计最大位移 2.95 mm(向渠道上游方向),发生在距测斜管顶部以下 0.5 m 处,发生时间为 2017 年 4 月 9 日,未超过边坡变形预警值(20 mm)。且测斜管过程线整体收敛,结合该测斜管垂直于渠道中心线方向的变形过程线图综合判定该监测点数据异常风险等级为"一般"。

2017 年 11 月又对该处监测数据收集,分析其经过一个汛期后的变化趋势。图 8-11 为 8+839 处左岸渠坡二级马道测斜管垂直于渠道中心线方向经历 2017 年汛期后的测斜管过程线。

由图 8-11 得,测斜管过程线在 2017 年 9 月发生突变,土体表层以下 2 m 范围内变形较大。判断该监测点数据异常风险为"较重"。

图 8-12 为 8+835 处左岸渠坡三级边坡测斜管垂直于渠道中心线方向的变形过程线,截至 2017 年 6 月,累计最大位移 8.73 mm(向渠内变形),发生在测斜管顶部向下 1.5 m 处,发生时间为 2017 年 6 月 6 日,未超过边坡变形预警值(20 mm)。但测斜管过程线发生突变,过程线图显示三级坡(测斜管埋深 6 m 范围内)水平位移持续增大,且无收敛趋势。故判定该处三级坡数据异常风险等级为"较重",应加强观测,必要时采取措施防止深层滑坡发生。

2017 年 11 月又对该处监测数据收集,分析其经过一个汛期后的变化趋势。图 8-13 为 8+835 处左岸渠坡三级马道测斜管垂直于渠道中心线方向经历 2017 年汛期后的测斜管过程线。

对比图 8-12 和图 8-13 可以看出,三级坡(测斜管埋深 6 m 范围内)水平位移持续增大,且最大累计位移已经达到 34.21 mm,已经超过边坡变形预警值 20 mm,故判定该处三级坡变形监测数据异常风险等级为"严重"。

图 8-14 为 8+770 处左岸渠坡三级边坡测斜管垂直于渠道中心线方向的变形过程线,截至 2017 年 6 月,累计最大位移 9.38 mm(向渠内变形),发生在测斜管顶部,发生时间为 2017 年 6 月 26 日,未超过边坡变形预警值(20 mm)。但测斜管过程线发生突变,过程线图显示三级坡(测斜管埋深 6 m 范围内)水平位移持续增大,且无收敛趋势。故判定该处三级坡数据异常风险等级为"较重",应加强观测,必要时采取措施防止深层滑坡发生。

2017 年 11 月又对该处监测数据收集,分析其经过一个汛期后的变化趋势。但发现此处数据截至 2017 年 8 月无监测数据记录,故用距此点最近的 8+760 处左岸三级马道的测斜管数据线进行对比分析。8+760 处左岸三级马道的测斜管开始启用日期为 2017 年 7 月底。图 8-15 为 8+760 处左岸渠坡三级马道测斜管垂直于渠道中心线方向 2017 年 7~11 月的测斜管过程线。

从图 8-15 可以看出,测斜管过程线在 2017 年 9 月发生突变,以后持续增大,最大累计位移为 19.24 mm,发生时间为 2017 年 10 月 24 日,位置为测斜管顶部以下 2.5 m 处,已经接近边坡变形预警值 20 mm。故判定该处三级坡变形监测数据异常风险等级为"严重",必要时采取措施防止深层滑坡发生。

图 8-11　8+839 处左岸渠坡二级马道测斜管经历 2017 年汛期后的观测过程线

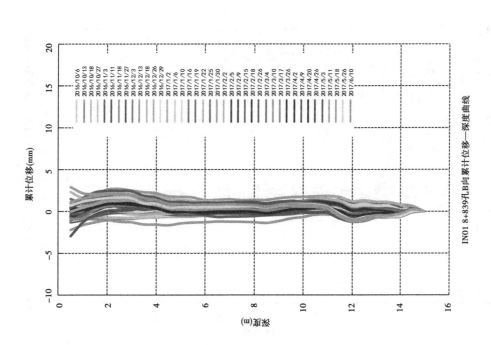

图 8-10　8+839 处左岸渠坡二级马道测斜管观测过程线（平行于渠道中心线方向）

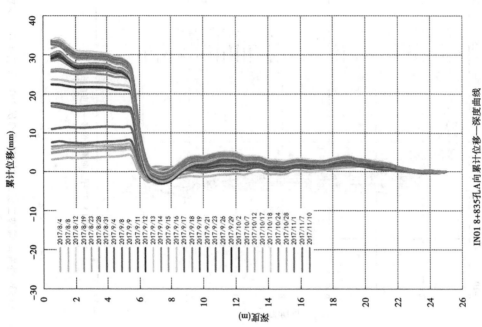

图 8-13　8+835 处左岸渠坡三级马道测斜管经历 2017 年汛期后的观测过程线

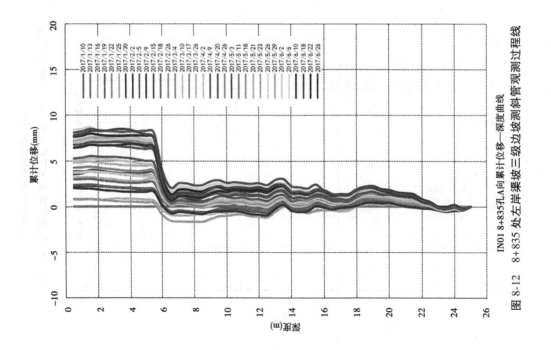

图 8-12　8+835 处左岸渠坡三级边坡测斜管观测过程线

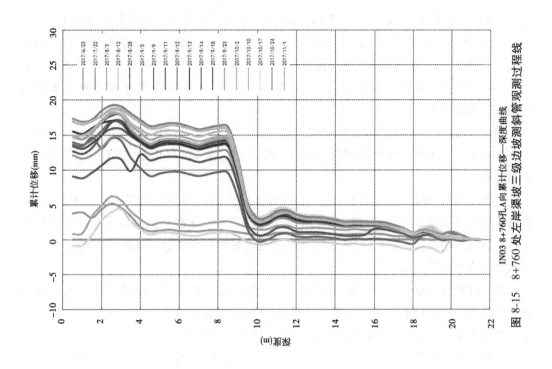

图 8-15　8+760 处左岸渠段三级边坡测斜管观测过程线

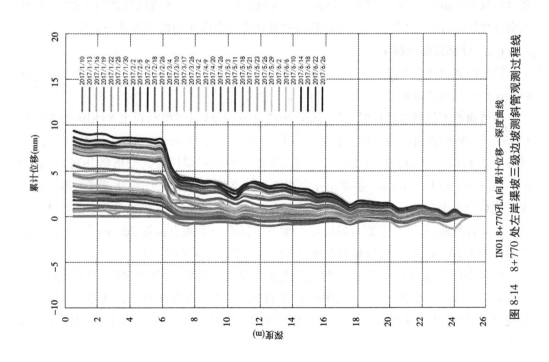

图 8-14　8+770 处左岸渠段三级边坡测斜管观测过程线

图 8-16 为 8+805 处左岸渠坡三级马道测斜管垂直于渠道中心线方向的变形过程线,截至 2017 年 6 月,累计最大位移 12.08 mm(向渠内变形),发生在测斜管顶部向下 5.5 m 处,发生时间为 2017 年 6 月 26 日,未超过边坡变形预警值(20 mm)。但测斜管过程线发生突变,过程线图显示三级坡(测斜管埋深 6 m 范围内)水平位移持续增大,且无收敛趋势。故判定该处三级坡数据异常风险等级为"较重"级别,应加强观测,必要时采取措施防止深层滑坡发生。

2017 年 11 月又对该处监测数据收集,分析其经过一个汛期后的变化趋势。图 8-17 为 8+805 处左岸渠坡三级马道测斜管垂直于渠道中心线方向经历 2017 年汛期后的测斜管过程线。

对比图 8-16 和图 8-17 可以看出,二级马道以下坡体(测斜管埋深 6 m 以下部分)测斜管过程线成收敛趋势,三级坡(测斜管埋深 6 m 范围内)水平位移发生突变且持续增大,最大累计位移已经达到 57.05 mm,已经超过边坡变形预警值 20 mm,故判定该处三级坡数据异常风险等级为"严重"。

从 8+770(8+760)、8+805 和 8+835 三个三级边坡上测斜管过程线图得出,8+805 处测斜管垂直于渠道中心线方向的累计位移量最大,分析认为在 8+805 左右渠道左岸三级边坡疑似发生深层滑动,应采取紧急处理措施,阻止坡体滑动进一步发展。

从以上分析可知,8+740~8+860 左岸一级马道以下渠道边坡目前安全,但应继续观测,特别是渠底以下抗滑桩底端以下测斜管过程线的变化趋势;二级边坡应加强观测,必要时采取处理措施,判断数据异常风险等级为"较重";该段三级边坡疑似发生滑动,判断数据异常风险等级为"严重",应采取相应的处理措施以阻止边坡变形进一步发展。

8.4.1.2 外部变形观测

该段内共设外观观测点 6 个,其中二级马道 3 个、三级马道 3 个。设置桩号分别为 8+810、8+830 和 8+850。

由坡面水平位移监测数据可知,截至 2017 年 6 月 23 日二级马道上 8+810、8+830 和 8+850 三个测点表面水平位移累计最大变形量分别为 7.25 mm、3.9 mm 和 4.41 mm,三级马道上 8+810、8+830 和 8+850 三个测点表面水平位移累计最大变形量分别为 34.21 mm、30.7 mm 和 18.94 mm。根据第 4 章边坡变形监测研判标准,二级马道坡面累计最大水平位移均小于 20 mm,故风险等级应根据累计位移速率、累计位移速率角以及累计位移速率比综合判断;三级马道坡面累计最大水平位移除一个测点接近 20 mm 外,另两个测点值均大于 20 mm,故判定数据异常风险等级为"严重",应及时报警。

由图 8-18 变化过程线可知,二级马道变化过程线较为平缓,处于缓慢增长阶段,无突变现象。三级马道变化过程线在 2016 年 12 月 11 日与 2017 年 1 月 7 日观测段内出现突变现象,2017 年 1 月 7 日以后一直处于增长阶段,截至 2017 年 6 月变化过程线无收敛趋势。

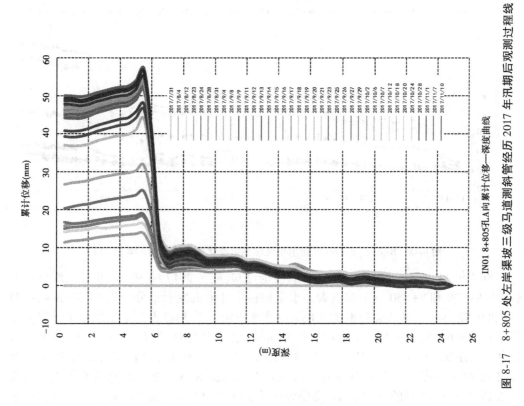

图 8-17　8+805 处左岸渠坡三级马道测斜管经历 2017 年汛期后观测测过程线

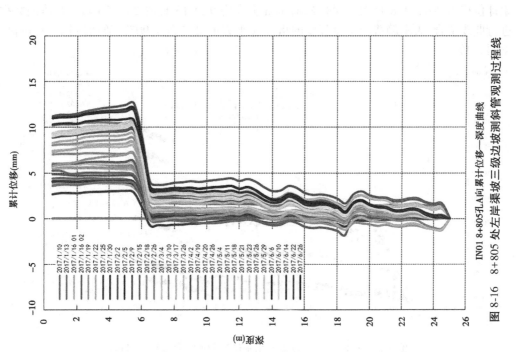

图 8-16　8+805 处左岸渠坡三级边坡测斜管观测测过程线

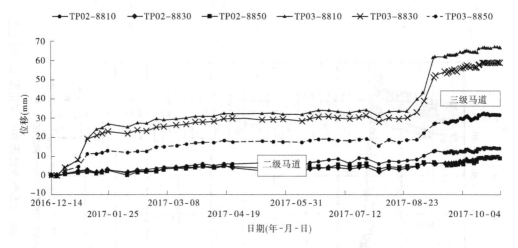

图 8-18　8+810~8+860 坡面水平位移测值变化过程线(2017 年 11 月)

2017 年 11 月,由坡面水平位移监测数据可知,截至 2017 年 10 月 30 日二级马道上 8+810、8+830 和 8+850 三个测点表面水平位移累计最大变形量分别为 14.73 mm、9.77 mm 和 9.57 mm,三级马道上 8+810、8+830 和 8+850 三个测点表面水平位移累计最大变形量分别为 67.52 mm、59.26 mm 和 32.77 mm。由累计位移过程线可知,2017 年 9 月该处水平位移变形加速,出现突变现象。8+810 处三级马道水平累计位移由 2017 年 8 月 25 日的 33.65 mm 突变为 2017 年 9 月 13 日的 62.22 mm,8+830 处三级马道水平累计位移由 2017 年 8 月 25 日的 30.33 mm 突变为 9 月 13 日的 51.36 mm,8+850 处三级马道水平累计位移由 2017 年 8 月 25 日的 18.57 mm 突变为 9 月 13 日的 26.96 mm。对监测数据进行曲线拟合,表示趋势线拟合程度的指标 R 平方值最小为 0.9057,故曲线拟合程度高,见图 8-19。

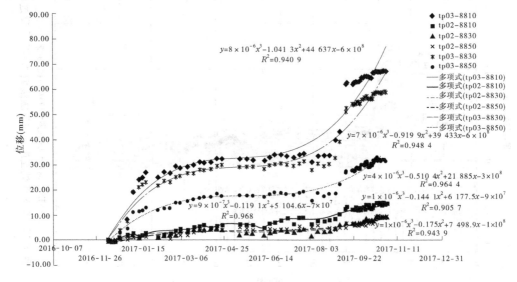

图 8-19　8+810~8+860 坡面水平位移测值拟合方程及趋势线

由图 8-19 可以看出,桩号 8+810、8+830 处三级马道坡面变形已经进入中加速或临滑加速阶段,桩号 8+850 处三级马道坡面变形处于初加速阶段。桩号 8+810、8+830 及 8+850 处二级马道坡面变形处于等速变形阶段。

选择桩号 8+810 处二级马道和三级马道上两个监测点进行水平累计位移速率比分析。

从图 8-20、图 8-21 可以看出,桩号 8+810 处二级马道以及三级马道上的监测点在不同的时间点上,其变形量不完全相同,多数情况下呈现蓝色和黄色,说明大多数的累计位移速率比较小。如果某个时间点呈现出红色柱体,表明该点极不稳定,其所在的局部范围的发生破坏的概率增大。从图中发现累计位移速率比即有大于 0 的,也有小于 0 的,说明累计位移随着时间的推移有增加也有减少,但整体上趋于增加,这与膨胀土遇水膨胀失水收缩有很大关系,也较好地解释了时间—位移曲线表现出的波动性特征。

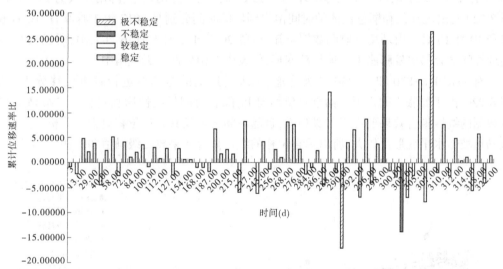

图 8-20　8+810 二级马道测点水平累计位移速率比直方图

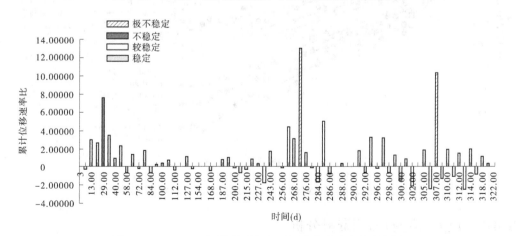

图 8-21　8+810 三级马道测点水平累计位移速率比直方图

比较图 8-20、图 8-21 可以看出,8+810 处二级马道上监测数据比三级马道的监测数据表现出更多的不稳定性,只代表二级马道出现相对不稳定的短期时段较多。从前述分析可知,8+810处二级马道的整体稳定性要比三级马道高,由监测数据知8+810处二级马道的累计最大位移为14.5 mm,平均累计位移速率为0.045 mm/d,监测周期内最大位移速率为1.18 mm/d,位移速率大于1 mm/d的共有2次,分别为2017年10月6日1.1 mm/d和2017年10月15日1.18 mm/d;其三级马道的累计最大位移为66.91 mm,平均累计位移速率为0.208 mm/d,监测周期内最大位移速率为2.71 mm/d,位移速率大于1 mm/d的共有4次,分别为2017年1月9日1.58 mm/d、2017年9月13日2.71 mm/d、2017年9月23日1.03 mm/d以及2017年10月15日2.15 mm/d。

图8-21中,出现红色和橘色柱体的时间由先到后的时间分别是2017年9月27日、10月6日、10月9日和10月15日。由环境量监测数据可知,该段从2017年9月23日起至10月19日止共27 d,除4 d无降雨外其余23 d每天均有降雨发生,降雨量共为272 mm。图8-22中,出现红色和橘色柱体的时间由先到后的时间分别是2017年1月9日、10月6日和10月15日。由环境量监测数据可知,该段2017年1月5日、6日大雨,所以长时间连续性降雨容易引发膨胀土边坡局部变形,多发生在雨后两三天或雨中。

对8+810、8+830和8+850二级马道、三级马道上的监测点进行垂直位移分析,见图8-22。由于膨胀力的作用坡面垂直位移向上,随着时间呈线性增长趋势。二级马道监测数据的线性拟合效果要优于三级马道,且随时间的增长其累计位移更大。分析认为,三级马道坡体水平变形量较大,所以垂直位移的线性拟合效果较二级马道弱一些。

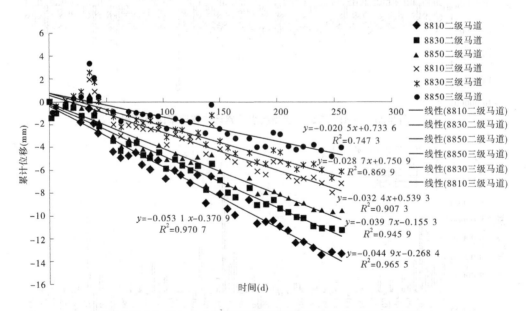

图8-22　8+810~8+860坡面垂直位移监测值拟合方程及趋势线

8.4.2　应力(应变)监测资料分析

桩号8+740~8+860渠段左岸三级边坡疑似发生深层滑动,2016年12月采取应急加固处理,采用伞形锚加固以及在三级坡坡脚增加排水措施,同时增设安全监测设施。在该变形体三级边坡伞形锚杆上布设有 15 支钢筋计,通过观测,13 支钢筋计受力在逐渐增大,截至 2017 年 5 月 11 日,钢筋计最大受力为 91.5 kN,处理后平均每月增加 6.63 kN(另外 2 支钢筋计测量数据不稳定,不作为参考)。应继续加强观测,分析钢筋计受力是否持续增加,过程线是否有收敛趋势,并结合该处边坡变形监测进行综合判断。

8.4.3　环境量监测资料分析

　　环境量监测主要包括水位、气温、降水量等项目,观测仪器设施埋设后及时填写安装埋设考证表。运行期间做好观测资料的整理整编,根据实际需要绘制相应的过程线、分布图,必要时,环境量过程线可与监测量过程线结合绘制,能更好地分析变形资料与环境变化之间的相关性。

8.5　小　结

　　集成多传感器的自动化、智能化在线监测系统已经在某些渠道工程中得以应用,尽管这样的系统获得了大量的实时监测数据,但毕竟埋设的观测仪器数量有限,即使发生变形的部位增设有观测仪器,仍然难以对渠道边坡的变形状态进行直接评判,还需要经过严密的数据分析与处理,从中发现变形趋势、滑坡孕育规律,据之进行科学的预测、预报,同时在紧急关头为突发性灾害提供即时决策支持。然而传统的经典变形分析与数据处理方法已不能完全满足自动化、智能化监测系统的需求,需要在已有的研究基础上拓宽研究思路,发展与自动化、智能化变形监测系统相适应的变形数据智能分析方法。

　　传统的单独分析监测点的变形特征难以从整体上掌握变形区域的时空演化趋势和变形规律。为此,有学者研究了基于高斯过程回归的变形趋势面模型建模方法和流程,以三维累计位移量作为分析对象,构建了边坡的变形趋势面模型,以此来分析其变形的时空演化过程,并设计了高斯过程(gaussian process,简称 GP)变形监测数据处理软件原型系统架构,用 Matlab 和 C#语言分别实现了服务端近实时数据处理系统和 GIS 客户端可视化在线分析系统。

　　将新的人工智能机器学习方法,扩展到变形监测领域进行学科交叉研究,借用学科交叉互补优势,研究人工智能机器学习方法用于变形分析的基本问题,建立基于人工智能机器学习方法的变形监测数据智能分析模型,用于解决工程实践问题,快速发现变形区域的变形趋势和演化规律,建立科学合理的预测模型,据之对渠道边坡进行科学的防治、预测和预报,这对大型输水渠道膨胀土(岩)渠段边坡安全监测具有重要的现实意义!

第9章　膨胀土(岩)渠段实体问题的处理流程及措施建议

9.1　实体问题的防控及处理原则

膨胀土(岩)渠段实体风险点的防控和处理应遵循以下原则：

(1)防控为主,防控与处理相结合；

(2)尽早发现,及时监控；

(3)加强观测,择机处理；

(4)处理方法得当,处理措施到位。

9.2　膨胀土(岩)边坡坡体破坏类风险点防控及处理

9.2.1　挖方渠段边坡破坏问题处理

9.2.1.1　已形成滑坡的破坏处理

防治滑坡破坏的措施可分为3大类,在处理滑坡体时宜进行综合运用。

1. 排水

对滑体以外的地表水,可用拦截和旁引的方法；对于滑体中的地下水,可用以一定间距布设水平排水孔的办法将滑坡体内的水引出。同时,对滑坡体进行遮雨覆盖措施,避免雨水进入滑坡体。

2. 降低下滑力,增加抗滑力

降低下滑力主要通过刷方减载,此时应正确设计刷方断面,遵循"砍头压脚"的原则。提高抗滑力的措施很多,如直接修筑支挡建筑物以支撑、抵挡不稳定岩土体。支挡建筑物的基床必须设置于滑动面以下一定深度,否则支挡建筑物本身可能成为滑体的一部分,与滑体一起滑动。用锚杆进行加固是一种很有效的措施,它可以增大结构面的抗滑力,改善结构面上剪应力的分布状况。锚杆的方向和设置深度应视边坡的结构特征而定,滑裂面的确定是合理布置锚杆的基本保证。抗滑桩也常用于滑坡体的加固处理中。采用抗滑桩对滑坡进行分段阻滑时,每段宜以单排布置为主,若弯矩过大,应采用预应力锚拉桩。抗滑桩间距(中对中)宜为5~10 m,抗滑桩嵌固段须嵌入滑床中,为桩长的1/3~2/5,为了防止滑体从中间挤出,应在桩间设钢筋混凝土或浆砌块石拱形挡板。在重要部位,抗滑桩之间应用钢筋混凝土联系梁连接,以增强整体稳定性。抗滑桩截面形状以矩形为主,截面宽度一般为1.5~2.5 m、长度一般为2.0~3.5 m,当滑坡推力方向难以确定时,应采用圆形桩。为保护环境,桩顶宜埋置于地面以下 0.5 m,但应保证滑坡体不越过桩顶。

3. 清除滑坡体

滑坡范围、深度不大时,可采用挖除滑坡体的方法进行处理。将滑坡清除后,按原状边坡用改性土或黏性土进行回填、压实,回填接触面采用加糙处理(如采用梯形开挖),密实度不小于原设计要求。

9.2.1.2　未见明显滑坡表象的坡体破坏问题的防控要求

膨胀土(岩)渠段坡面防护结构出现裂缝、倾斜等破坏现象,但坡面未见明显滑坡特征的,可根据第 7 章提出的研判标准进行判定,并且参照以下要求进行防控和处理。

当坡体破坏达到研判标准的"较重"及以上级别时,应按照以下要求处理:

(1)根据日常巡视记录和监测资料分析边坡变形的发展趋势。

(2)当问题坡面无监测点时,应根据需要增设边坡变形观测点,观测点应布置于坡面防护结构出现变形破坏以及相邻渠段的断面上。变形监测内容包括:表面水平(垂直)位移,内部水平(垂直)位移、变形速率等。根据变形速率适当增加观测频次,并及时对观测资料进行整理分析。

(3)加强日常巡视,注意检查边坡坡面防护结构,如过水断面衬砌板、非过水断面混凝土拱圈(或菱形骨架)、坡面排水沟以及一级马道路面是否有新的裂缝产生,或者原有变形、裂缝是否有进一步发展等问题。

(4)对于边坡变形暂时稳定,仅造成坡体局部、浅层破坏的,应进一步观测,并按松弛和湿化的岩土降低后的综合内摩擦角复核边坡稳定,根据复核情况采取适当的处理措施,如放坡减载、引出坡体内水或加固坡脚等措施。

(5)边坡变形仍有进一步发展的趋势,可能出现边坡稳定问题或造成更大规模滑坡的,应联系原设计单位或有资质的设计单位,复核边坡的整体稳定性提出坡体加固处理措施。

当坡体破坏研判标准为"一般"级别时,破坏原因与膨胀岩土有关的可能性较小,基本是由于结构自身的问题出现裂缝、倾斜等,或是雨水冲刷引起的坡面雨淋沟、浅层剥蚀、局部滑塌以及坡面裸露等问题,或是坡体存在动物洞穴等问题,现将以上破坏问题的基本处理措施在下一小结进行简单叙述,以供参考。

9.2.1.3　非过水断面"一般"等级破坏问题处理

当膨胀土(岩)渠段非过水断面有局部滑塌、浅层剥蚀现象时,处理措施如下:

(1)清除坍塌坡体,按原状边坡用合格土料进行回填、压实,密实度不小于原设计要求;

(2)当地下水位较高时或存在明显的上层滞水渠段,宜在该段坡体内部设置排水孔,以疏干坡体在斜坡部分的岩土;

(3)加强地表排水措施。

影响边坡冲刷的因素主要有两个方面:一是自然因素,包括地形地貌因素、植被覆盖情况、土层基本性质、区域降雨特征;二是工程因素,包括填土压实度,边坡设计坡高、坡长、坡度、形态组合特征,边坡防护情况等。

坡面冲刷和剥蚀目前主要采用的处理技术有植物防护、骨架植物防护、工程防护三种类型。从对某大型输水渠道膨胀土(岩)渠段有关实体问题的调研结果分析,以上坡面防护形式总体效果良好。调研过程中发现的问题具有代表性的,如由超标准洪水引起的截流沟过水能力不足、排泄不畅,使洪水越过防护堤在桥墩与坡面结合处的薄弱面形成径流冲刷问题;暴雨入渗使草皮护坡下的坡体饱和软化,在地下水压力及渠坡膨胀力共同作用下致使表层土坍塌、滑移问题;以及由于坡面植草成活率低没有形成有效的保护层而使膨胀土(岩)坡面裸露在外,经过干湿循环、雨水冲刷形成的坡面雨淋沟等问题。

雨水冲刷引起的坡面雨淋沟、径流冲沟,自然原因引起的坡面剥蚀以及坡体内的动物洞穴等处理措施如下:

1. 坡面植被恢复

植物防护是一种简便、经济和有效的坡面防护措施。植物能覆盖表土,防止雨水冲刷;调节土壤湿度,防止裂缝产生;固结土壤,防止坡面风化剥落,同时还能起到绿化、美化环境的作用。调研过程中发现部分渠段植草成活率较低,针对该种情况,现将不同的植草方式以及植草防护结构列举如下,以供因地制宜选择适宜当地的工程措施。

1) 植草防护

(1) 撒种草籽(植草)或喷播植草。

①草种应根据当地气候、土壤条件和草种的适应性,如在华北冷暖区,适宜性草本植物有结缕草、野牛草、羊茅、黑麦草、老芒麦、白颖苔草、三叶草及异穗苔草。

②播种草籽一般在春、秋两季,以雨季来临前 10~15 d 较好。有条件采用人工降水时,可不在雨季播种。当雨季雨量较大,对边坡易形成冲刷时则宜在雨季前 3 个月播种。

③播种草籽分单播和混播,撒种量取决于种子质量、混合组成、土壤状况和工程性质等。

(2) 铺草皮。

①草皮的草种应根据当地气候、土壤条件和草种的适应性,因地制宜地选用。切取的草皮规格宜大小一致,厚薄均匀,不松不散,便于搬运。草皮宜为人工草皮,如为天然草皮则应符合有关环保要求。草皮铺种施工应自下向上顺铺。挖方边坡应铺过边坡顶部不少于 1.0 m,草皮端部应嵌入地面。

②铺草皮一般应在春季或初夏进行,气候干燥地区则应在雨季进行。草皮铺种后应立即浇灌,加强保护和管理。草皮应与坡面密贴,块与块之间留有一定间隔。草皮宜用竹(木)钉与坡面固定。

(3) 客土植生。

①客土植生是对各种表层土质不宜于植物生长的边坡进行植物防护的一种方法,即采取在边坡坡面上铺设或置换一定厚度适宜植物生长的土壤(或混合料)作为种植土(客土),然后植草的方法。其边坡坡率不应陡于 1:1,且边坡高度不宜过高,一般不超过 8 m。

②种植土(客土)应尽量破碎均匀,最大粒径应小于 30 mm。种植土(客土)应含有植物生长必需的平衡养分和矿物元素,且应具有保水、保温和便于养护等性能。客土作为类似表土的表层结构,是植物生长的基础,且对维持自然生态起到举足轻重的作用,其所需主要材料的要求如下:

a. 以天然有机质土壤改良材料为主体,混入含有各种对植物生长有效的有机质和无机质材料。

b.采用木质纤维作为养生材料,增加混合料强度及孔隙率,使其稳定性增强。

c.采用高分子聚合物及天然植物加工而成粘结剂,使客土混合料相互紧密连接形成一定厚度的客土层,并与坡面表面粘结在一起,形成良好的团粒结构。

d.采用高效化学合成肥料及缓效肥料,提供植物生长不同时期所需营养。

③种植土(客土)厚度应视边坡岩土质、高度、坡率及草种等条件确定,一般不宜小于5 cm。铺设或置换的种植土(客土)应与边坡坡面密贴连接,必要时应采取措施增加坡面的粗糙度,保证种植土(客土)的稳定而不滑动。

④草种的选择及播种要求参见撒种草籽(植草)或喷播植草防护设计。

(4)喷混植生。

①喷混植生是对各种表层土质不宜于植物生长的边坡进行植物防护的一种方法,即采用专用的喷射机,将拌和均匀的种植基材(植生材料)喷射到坡面上,植物依靠"基材"生长发育,形成坡面植物防护。其边坡坡率不陡于1:0.75,且边坡高度不宜过高,一般不超过10 m。

②种植基材(植生材料)应视边坡岩土性质、高度、坡率及不同的气候条件配置。可由绿化基材、混合草种、种植土、肥料、团粒剂、稳定剂、保水剂和水等组成;或由混合草种、种植土、肥料、粘结剂、pH缓解剂和水等组成。种植基材应满足下列要求:

a.应具有适宜植物生成的三相分布结构、良好的透气性、团粒化度和酸碱度,即固、液、气三相体计比大致为1:(0.5~2):1,团粒化度不小于60%,pH为5.5~7.5,有机质含量≥40%。

b.含有植物长期生长必须的平衡养分和矿物元素,其全氮含量不小于0.2%,有效钾含量不小于200 mg/kg,有效磷含量不小于200 mg/kg,有机质含量不小于400 g/kg。

c.能保持植物所需水分的供给和较好的保水能力:种植基材有效含水量不小于60%,平均气温在22 ℃,自然风干条件下,种植基材从田间含水量下降至凋萎含水量的时间不小于50 d。

d.具有一定的强度和较强的抗暴雨侵蚀能力,要求在田间水量条件下,种植基材快剪试验所测得的$c \geqslant 20$ kPa,$\varphi \geqslant 30°$;在喷射施工完成12 h后,在雨量为250 mm/h、持续降雨时间60 min条件下,种植基材累计流失量小于1 200 g/m²。

③种植基材(植生材料)的喷射厚度,应根据所加固边坡的岩床状况、降水量及边坡坡率等综合确定,一般为8~10 cm。

④施工注意事项。

a.施工前做好天沟,清除边坡表面松动土石,平整坡面,然后喷射种植基材。

b.边坡有地下水出露时,必须设泄水孔将其引出。

c.材料混合应在搅拌装置内充分搅匀。喷射时,应控制喷射压力,注意不破坏岩床表面,均匀稳定地进行喷射施工。喷射作业完毕后,边坡太干燥时要进行洒水养护。

2)土工合成材料与植草复合防护

对当地雨量较多、边坡土质较差、坡面冲蚀较严重的土质或边坡较高的一般土质边坡,土工合成材料与植草相结合的防护措施是一种较有效的复合防护形式,它可加强边坡的抗冲蚀能力,保证边坡的长期稳定。土工合成材可采用土工网、土工网垫、立体植被网、无纺土工布、土工格栅等。

(1)土工网(垫)植草护坡。

①土工网(垫)植草护坡是通过土工网(垫)的固土作用,提高坡面表土抗冲蚀能力并利于草种生长的植物防护形式。其边坡坡率不陡于1:1,边坡高度一般大于8 m,边坡土质较差或易被冲刷时可低至4 m。

②土工网(垫)顺坡面铺设,搭接宽度:土工网不小于0.1 m,土工网垫不小于0.02 m,搭接部分每隔1 m左右采用不短于0.15 m竹钉垂直坡面固定土工网(垫)。

③土工网(垫)的基本性能应满足下列要求:土工网(垫)水土保持能力系数不小于5,土工网(垫)30 min时回弹恢复率不低于80%。

④植草可采用撒播或喷播的方式进行,草籽播种宜选择在雨季前3~4个月进行,确保草有一定的生长时间。

(2)土工网(垫)与含草籽无纺布植草护坡。

①土工网(垫)与含草籽无纺布复合植草护坡是通过土工网(垫)的固土作用、无纺布在植被长成之前的防冲刷作用,避免坡面表土流失并利于草种生长的植物防护形式。其边坡坡率不陡于1:1,边坡高度一般大于8 m。

②草种应因地制宜地选用。

③无纺布与坡面密贴,上覆土工网,土工网顺坡面铺设,搭接宽度不小于0.1 m,搭接部分每隔1 m左右采用不短于0.3 m木桩或U形钉固定。横向搭接亦按此法。

④土工网(垫)的基本性能应满足下列要求:土工网(垫)水土保持能力系数不小于5,土工网(垫)30 min时回弹恢复率不低于80%。

3)空心砖内植草护坡

(1)空心砖内植草护坡的效果与骨架内植草护坡相近,其边坡坡率不陡于1:1,边坡高度一般不大于12 m。空心砖的材料类型可根据当地建筑材料来源等情况选择,宜采用混凝土预制成型件。草种应因地制宜地选用。

(2)结构及材料要求。

①空心砖一般做成六棱形,其尺寸根据当地的雨量大小和边坡抗冲蚀能力及抗风化能力确定。

②空心砖强度宜采用C10混凝土。一般可采用水泥、粗砂、细砂和水配制。

③砖的空心部分用土回填,坡面撒播种草或喷播植草防护。

④边坡较高,或当地雨量多且集中、边坡冲刷较严重,或边坡土质较差时,宜采用骨架植草护坡,内容详见下文。

(3)施工注意事项。

①施工前应整修好坡面,清除浮土,填补凹坑,使坡面大致平整。

②混凝土空心砖应自下而上铺设,空心砖内植草应与砖面齐平。

4)骨架护坡(浆砌石或混凝土骨架护坡)

对当地雨量较多、边坡土质较差、坡面冲蚀较严重的土质或边坡较高、坡面比较潮湿、岩性较破碎的一般土质边坡,宜采用浆砌石或混凝土骨架护坡可有效地加强边坡的抗冲蚀、防风化能力,保证边坡浅层土体的长期稳定。

根据边坡的岩土质状况、边坡高度及坡率、水文地质特征等条件,骨架内可采用植草、空心砖内植草或客土植生、喷混植生、干砌片石、喷浆或喷混凝土等防护措施。下面主要介绍浆砌石或混凝土骨架内植草护坡的设计,其他类型可按本章相关部分内容并参照本小节进行设计。

(1)骨架内植草护坡的边坡坡率不陡于 1:1,单级边坡高度不宜大于 15 m,否则宜设置边坡平台,宽不小于 2 m。

(2)草种应因地制宜地选用。

(3)结构及材料要求。

①骨架应嵌入坡面一定深度,其表面应与草皮表面平顺。在雨量大且集中的地区,骨架可做成截水形式,以分流排除地表水。

②骨架一般采用拱形、人字形、方格形几种形式。骨架及其顶部和两侧 0.5 m 及底部 1.0 m 范围内宜采用混凝土或 M7.5 水泥砂浆砌石砌筑镶边加固。

③人字形骨架和拱形骨架均由主骨架和支骨架组成。拱形骨架的主骨架与边坡水平线垂直,间距为 4~6 m,支骨架呈弧形,垂直线路方向的间距为 4~6 m。人字形骨架的主骨架与边坡水平线垂直,间距为 6~8 m,支骨架与主骨架成 45°角,按人字形铺设,垂直线路方向的间距为 3~5 m。方格型骨架与边坡水平线成 45°角,左右相互垂直铺设,方格间距 3~5 m。

④为便利养护,应在适当位置设阶梯形踏步。

(4)施工注意事项。

①施工前应清刷坡面浮土,填补坑凹,使坡面大致平整。

②骨架砌筑前应按设计型式尺寸挂线放样,开沟挖槽,沟深视骨架嵌入深度而定。

③边坡如有地下水露头,应将地下水引入排水系统,不可堵塞。

2.雨淋沟及深度小于 50 cm 的洞穴、冲沟等处理

1)开挖

先进行沟底、沟壁的清理,将沟底、沟壁的杂草、树根、腐殖土等杂物清理干净。对于鸡爪形冲沟,应以主沟深度为标准清理中间土埂。

2)土料选择

填补土料宜就近选取,如回填量较大就近取土不能满足要求,应尽量选取与原填筑性状接近的土料进行填筑。

3)填筑作业应符合下列要求

地面起伏不平时,应按水平分层由低处开始逐层填筑,不得顺坡铺填;断面上的坡度陡于 1:2 时,应将坡度削至缓于 1:2。

已铺土料表面在压实前被晒干时,应洒水湿润。

填筑层检验合格后因故未继续施工,因搁置较久或经过雨淋干湿交替使表面产生疏松层时,复工前应进行复压处理。

若发现局部"弹簧土"、层间光面、层间中空、松土层或剪切破坏等质量问题,应及时进行处理,并经检验合格后,方准铺填新土。

4)质量管理措施

应按要求将土料铺至规定部位,严禁将砂(砾)料或其他透水料与黏性土料混杂,土料中的杂质应予清除;铺料厚度一般应限制在15~20 cm,土块直径一般应限制在5 cm以下。

铺料至边界时,应在设计边线外侧各超填一定余量:人工铺料宜为50 cm。

压实宜采用人工打夯连环套打法,夯迹双向套压,夯压夯1/2,行压行1/2;分段、分片夯实时,夯迹搭压宽度应不小于1/2夯径。

5)雨季质量施工措施

雨前应及时压实作业面,并做成中央凸起向两侧微倾。当降小雨时,应停止黏性土填筑;黏性土填筑面在下雨时人行不宜践踏,并应严禁车辆通行。雨后恢复施工,填筑面应经晾晒、复压处理,必要时应对表层再次进行清理,并待检验合格后及时复工。

3. 深度大于50 cm的冲沟、滑塌等处理

根据边坡破坏范围,采用1 m³反铲配合人工进行开挖,较小的部位采用人工进行开挖,开挖原则消除坡面松散土至原状土基面,并开挖成台阶状,自台阶底边线沿渠道方向1∶2、垂直水流方向1∶1削坡至下一级台阶底部,台阶宽度控制在50~60 cm。

料源选择、填筑要求以及施工注意事项等参考坡面雨淋沟处理部分内容。

4. 深度大于50 cm的洞穴处理

对洞穴应根据分布位置、形状、深度、大小和发展趋势,采取回填夯实、灌(压)土浆、灌砂等措施。施工前应先疏排地表水,防止地表水下渗。洞穴处理前、后应分别测量、记录处理范围和高程。施工要点如下:

(1)灌砂。对于小而直的洞穴,可用干砂灌实,并用黏土封顶夯实,并改变地貌,防止雨水流入洞穴的位置。

(2)开挖夯填。适用于各种形状的洞穴,这是最直观、最可靠的方法,根据洞穴的具体情况,可直接开挖回填,并用与边坡土体性质相近的土料分层夯实。或采取灰土回填施工,应将洞穴开挖,分层回填、夯实至原设计要求。

(3)灌泥浆。洞身不大,但洞壁曲面不直且离坡面较远的小洞穴,可用水、黏土、砂子拌制后,采用淄浆机反复多次灌注。

(4)压水泥浆。有时为了封闭水道,可用水泥浆。同时应改变微地貌,防止雨水流入陷穴的地方。加固处理时,应符合下列要求:

①按施工图要求或现场试验确定的配合比配置水泥砂浆。

②加固地基前,通过试验确定灌浆孔深度、孔距及灌浆压力等有关技术参数。

③按施工图要求布置钻孔,宜布置为梅花形,地质钻成孔。

④应按施工图要求预留一定数量的检查孔,并按施工图要求进行质量控制和检测。

灌浆时,应有符合环保要求的废浆隔离与回收设施,灌浆过程中应防止浆液渗涌,如有"跑浆"现象,应及时查明原因并处理。

(5)开挖导洞或竖井进行回填。适用于较深的洞穴,若明挖工程数量较大,可采用开挖导洞的方法,由洞内向洞外逐步回填密实。回填前应将洞内的尘土彻底清扫干净,接近地面0.5 m厚时,则改用黏土回填夯实。

5. 宜受径流冲刷、坍塌后坡脚不稳定的边坡防护措施

对于宜受径流冲刷的部位，如桥台下部渠道边坡等，可采用砌石护坡或预制混凝土块护坡；对于坍塌后坡脚不稳定的边坡，可在坡脚加设挡墙进行加固。

1）浆砌石护坡的分类

在有石料来源的地区，采用浆砌石护坡时，边坡坡率应等于或缓于 1∶1。浆砌石护坡分为等截面护坡和肋式护坡两种。一般采用等截面护坡，肋式护坡在进行大面积边坡防护时，为增加其自身稳定性而采用，其形式有：①表层肋式护坡，适用于不易凿槽的膨胀岩边坡；②里层肋式护坡，多用于大面积的膨胀土边坡；③柱状肋式护坡，用于表层曾发生溜坍，经刷方修整坡面的土质边坡，其肋柱宽度一般不小于 1.0 m，嵌入深度不小于 0.4 m。

2）结构及材料要求

（1）护坡厚度视边坡高度和陡度而异，一般为 0.3~0.4 m。

（2）护坡应采用 M7.5 水泥砂浆砌石砌筑。石料选用不易风化的岩石，其最低强度等级为 MU30。

（3）浆砌石护坡基础应埋置在坡肩线以下不小于 1.0 m，并不高于侧沟砌体底面。

3）施工注意事项

（1）施工前必须清刷坡面松动土层，必要时进行夯实以防由坡面沉落而引起护坡破坏。

（2）浆砌前应将石料表面泥土冲洗干净。

（3）要经常进行养护维修，若发现有破坏情况，应立即修补，以防病害扩大。

9.2.2　填方渠段外坡边坡破坏防控与处理

9.2.2.1　防控要求

渠道运行管理过程中，应经常性地对坡面进行巡视检查，当发现外坡渗漏点，渗透变形风险达到研判标准的"一般"级时，应进行全面检查，分析渗漏原因，查找渗漏通道位置，根据需要在渗漏点附近增设测压管、渗压计等监测设施，进行重点监测。当外坡渗透变形风险达到研判标准的"较重"及以上等级时，应进一步分析渗漏原因，进行必要的勘探，并采取措施处理。

9.2.2.2　处理措施

1. 管涌处理

管涌的抢护应以"反滤导渗，制止涌水带沙，防止渗透破坏"为原则。抢护方法有反滤围井法、减压围井法、反滤铺盖法、透水压渗台法、水下管涌抢护法等。

1）反滤围井法

对于数目不多和面积较小的大小管涌，或数目虽多，但未连成大面积而能分片处理的管涌群，以及水深较浅的水下管涌，均可在管涌出口处抢筑反滤围井，制止涌水带沙，防止险情扩大。

2）减压围井法

当出临背水位差较小、高水位历时短、出现管涌险情范围小、管涌周围地表较坚实完整且未遭破坏、渗透系数较小等情况时，在背水坡脚附近险情处抢筑减压围井，靠减小水

头差的原理,抬高井内水位,降低渗透压力,制止渗透破坏。

3)反滤铺盖法

当管涌较多、面积较大并连成一片,涌水涌沙比较严重的地面中,以及出现流土情况时,可在险情处抢修反滤铺盖,降低涌水流速,制止泥沙流失,以稳定险情。

4)透水压渗台法

对于管涌较多、范围较大、反滤料缺乏而砂土料源丰富的堤段,可采取此法抢护。靠透水压渗台可平衡渗压,延长渗径,减小水力坡降,并能导渗滤水,防止土粒流失,使险情趋于稳定。

5)水下管涌抢护法

当渠道低处外坡积水,且渠道出现管涌,在人力、时间和取土条件能够迅速完成任务时,可采用填塘法,全部用沙性土或粗砂分层碾压填平,增加地面覆盖土层的重量,以平衡渗压。如填塘贻误时间,可采用水下反滤层或反滤围井法抢护,也可用抽水机引水入坑,抬高坑塘、沟渠水位,减少临背水头差,制止管涌冒沙现象。

2.堤顶或堤坡裂缝破坏处制

裂缝与渠道中心线大体垂直的叫作横向裂缝,与渠道中心线线大致平行或成弧形的叫作纵向裂缝。造成堤身裂缝的原因很多,横缝多半是修堤时两段接头不好、碾压不实而造成的或填筑高度差别较大以及填筑土体性状差异较大造成的。纵向裂缝有的是因渠道外坡脚附近有坑塘或部分堤基沉陷造成的,有的是降水过快造成的,有的是渠道填土不均匀沉降引起的,另外还有因堤身有隐患在堤面或堤内发生局部沉陷而出现裂缝,还因黏性土干燥收缩,堤身表面产生龟裂的。

(1)堤身表面龟裂细小的,可以不加处理,大的裂缝(宽度超过5 mm 的)要抽槽填土夯实。

(2)堤身发生横断裂缝,有可能与渠内水连通,这是很危险的,不管裂缝大小,必须马上在堤外做外帮,截断水流,再开挖填实。

(3)堤脚有坑塘产生的纵向裂缝,要先填塘固基,再翻筑堤身裂缝。

(4)由堤身填土不均匀沉降引起的纵向裂缝,只抽槽填土夯实即可。

(5)由堤身过陡产生的纵向裂缝,先做帮坡,再翻填裂缝。

(6)由堤身渗水发展而形成的纵向裂缝,即堤土浸水饱和,抗剪强度降低,堤坡失去稳定,整块土体下挫形成裂缝。抢护方法为开沟导滤、滤水还坡、外帮截渗、填塘固基。

9.3　膨胀土(岩)边坡坡面防护结构破坏类风险点防控及处理

9.3.1　过水断面坡面防护结构风险点防控及处理

当膨胀土(岩)渠段一级马道以下的混凝土衬砌板出现裂缝、隆起、破损等现象时,可根据第7章提出的研判标准进行判定,并且参照以下要求进行防控和处理。

9.3.1.1　防控要求

（1）开展裂缝调查,调查内容包括裂缝出现位置、裂缝状况、周围环境情况、类似部位是否出现裂缝,等等。

（2）根据需要增设测缝计监测裂缝发展情况。监测内容包括裂缝长度变化情况、裂缝宽度变化情况、裂缝深度情况(根据需要进行检查),等等。

（3）根据裂缝变化情况适当增加观测频次,例如观测频次由每月一次增加为每周一次,等等。

（4）当混凝土衬砌板出现隆起、错台现象,应观测隆起、错台的高度是否继续变化、周围环境情况(热胀、冻胀)、监测该部位坡体内地下水位情况、渗压计是否变化等。

（5）有条件时,将裂缝监测资料与内观仪器监测资料进行对比,分析裂缝、隆起等是否由下部坡体滑动引起,必要时局部拆除衬砌以查看下部土层的变形情况。

（6）对于已经稳定,由环境变化如冻胀、热胀、地下水位突变等引起的混凝土板裂缝、隆起等不存在边坡稳定安全问题的现象,提出相应的修补方案。

（7）对于尚在发展的裂缝应加强观测、分析原因,并请原设计单位或有资质的单位进行边坡稳定安全复核,必要时采取合理的措施进行处置,防止影响边坡安全的事情发生。

（8）经分析,若裂缝、隆起是由膨胀土渠坡滑动引起,应由原设计单位或有资质的单位提出结构加固方案。

9.3.1.2　处理措施

1.混凝土衬砌板裂缝处理

1)技术原则

（1）静止裂缝:依据裂缝的粗细和干湿环境选择修补材料和修补方法,及时进行修补。

（2）活动裂缝:修补时应先消除其成因,并观察一段时间,确认已稳定后,再按静止裂缝的处理方法进行修补;对不能完全消除成因的裂缝,但确认对渠道的安全性不构成危害时,可使用具有弹性和柔韧性的材料进行修补。

（3）尚在发展的裂缝:应待裂缝停止发展后选择适当的方法修补和加固,不可即时进行修补。

2)处理原则

对贯穿性裂缝进行处理,非贯穿性裂缝(凡龟裂及未裂透的裂缝视为非贯穿性裂缝)可不做处理。

3)裂缝修补处理方法

对贯穿性裂缝采用切缝填充进行处理。

（1）充填材料应根据裂缝的类型进行选择。静止裂缝可选用水泥砂浆、聚合物水泥砂浆、树脂砂浆等,活动裂缝宜选用弹性树脂砂浆和弹性嵌缝材料等。

（2）静止裂缝充填法施工应满足下列工艺要求:

①沿裂缝凿 V 形槽,槽宽、深 50~60 mm,并清洗干净。

②槽面应涂刷基液,涂刷树脂基液时应使槽面处于干燥状态,涂刷聚合物水泥浆时应使槽面处于潮湿状态。

③向槽内充填修补材料,并压实抹光。

(3)活动裂缝充填法施工应满足下列工艺要求:

①沿裂缝凿 U 形槽,槽宽、深 50~60 mm,并清洗干净。

②用砂浆找平槽底面,并铺设隔离膜。

③用胶粘剂涂刷槽侧面,再嵌填弹性嵌缝材料,并用力压实。

④回填砂浆应与原混凝土面齐平。充填法施工示意图见图9-1。

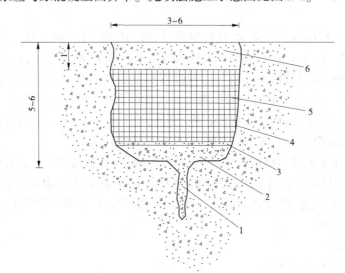

1—裂缝;2—水泥基砂浆;3—隔离膜;

4—胶粘剂;5—弹性嵌缝材料;6—水泥基砂浆

图 9-1　活动裂缝充填法修补图　(单位:cm)

(4)裂缝修补材料要求

①水泥应选用强度等级不低于 42.5 的硅酸盐水泥、普通硅酸盐水泥,受侵蚀性介质影响或有特殊要求时,按有关规范或通过试验选用。

②砂应选用质地坚硬、清洁、级配良好的中砂,砂的细度模数宜为 2.4~2.6。

③裂缝修补用胶、注浆材料的安全性能应满足相关规范、规程要求。

④裂缝修补施工前宜进行工艺性试验。修补施工宜在 5~25 ℃环境条件下进行,不应在雨雪或大风等恶劣气候的露天环境下进行。

⑤树脂类修补材料宜干燥养护不少于 3 d;水泥类修补材料应潮湿养护不少于 14 d;聚合物水泥类材料应先潮湿养护 7 d,再干燥养护不少于 14 d。

2.衬砌板破损处理

膨胀土(岩)渠道混凝土衬砌板出现冻融剥蚀、碳化等破损现象时,应选择合适的时机集中处理或重点处理,处理措施应符合以下的要求。

(1)混凝土剥蚀、磨损、碳化修补应遵循下列原则:

①应以"凿旧补新"方式为主,即清除损伤的老混凝土,浇筑回填能满足特定耐久性要求的修补材料,并采取止漏、排水等措施。

②清除损伤的老混凝土时,应保证不损害周围完好的混凝土,凿除厚度应均匀,不应

出现薄弱断面。

③应选用工艺成熟、技术先进、经济合理的修补材料,并按有关规范和产品指南严格控制施工质量。

(2)修补完成后应加强养护工作,尽量避免或延缓剥蚀、磨损、碳化现象的再次发生。

(3)基面处理应符合下列规定:

①剥蚀损伤的混凝土应凿除并清理干净。

②应采用圆片锯等切槽,形成整齐规则的边缘,轮廓线间夹角不宜小于90°。

③剥蚀和碳化造成钢筋锈蚀的,混凝土凿除时应暴露钢筋的锈蚀面,并进行除锈处理。

④采用水泥基材料修补时,基面应吸水饱和,但表面不应有明水;采用树脂基材料修补时,基面宜保持干燥或满足修补材料允许的湿度要求。

⑤回填修补材料前,基面应涂刷与修补材料相适应的基液或界面粘结材料。

(4)修补材料选择应符合下列规定:

①修补厚度小于20 mm时宜选用聚合物水泥砂浆或树脂砂浆,厚度为20~50 mm时宜选用水泥基砂浆,厚度为50~150 mm时宜选用一级配混凝土,厚度大于150 mm时宜选用二级配混凝土。

②选择修补材料时应遵循性能相似原则,修补材料的力学性能和物理性能应与基底混凝土相似。

(5)修补材料回填施工应符合下列规定:

①回填低流动性砂浆和混凝土时,应振捣密实并及时抹面,抹面时应反复揉压、拍打,但不应加水,高强硅粉混凝土抹面后应立即覆盖保湿。

②修补材料应在界面粘结材料适用时间内回填。

③修补表面应光滑平整。

3. 衬砌板、路缘石等填缝材料破坏处理措施

渠道运行管理过程中应定期对填缝材料进行检查。发现密封胶、闭孔泡沫板出现破损及脱落时,应进行记录,选择合适时机进行处理,处理措施应满足下列要求:

(1)密封胶、闭孔泡沫板材料出现破损、脱落时,应更换相同材料或应用较为成熟的新型防渗材料。

(2)填缝材料施工前应将变形缝清理干净。

①剔除变形缝内的密封胶及其他杂物,用手提磨光机将缝壁两侧打磨平整。

②用风机和钢丝刷将缝内的杂物清除干净,使粘胶基面保持干燥、清洁、无油污。

③在清理完成的变形缝两侧距边缘0.5 cm处粘贴胶带,保证密封胶边缘整齐及防止施工中多余的密封胶把构筑物表面弄脏。

④用毛刷均匀的将界面剂涂刷于缝壁两侧的粘胶基面上,待界面剂不粘手时方可进行注胶。

(3)注胶。

①在缝壁两侧涂刷界面剂,待界面剂不粘手时,先用刮刀或胶枪将配制好的密封胶在接缝两侧先涂一层,然后将密封胶嵌入缝道中间,填至与两侧齐平,并压实防止气泡混入。

②同一条变形缝不能一次性注胶完毕时,前后两次注胶施工时间间隔不应超过8 h。

③施工完成后,将缝隙两侧的防护胶带去除,24 h内应避免水冲雨淋,并不得有踩踏及其他的破坏行为。

④聚硫密封胶施工环境温度宜为10~35 ℃,当环境温度低于10 ℃或大于35 ℃时,施工时应采取措施。雨雪天气不应进行露天施工。

9.3.2 非过水断面坡面防护结构风险点防控及处理

9.3.2.1 防控要求

当坡面防护结构破坏标准达到"较重"及其以上级别时,应通过原设计单位或有资质的单位复核边坡的整体稳定性,并制定坡体加固等处理措施。

当坡面防护结构破坏标准为"一般"级别时,按照日常维护修补措施进行处理。

9.3.2.2 处理措施

当坡面防护结构如六棱体框格塌陷、混凝土拱圈裂缝等问题,可参考"9.2.1.3"节进行处理。主要设计要点如下:

(1)护面要紧贴边坡;基础要牢固并与护面本体很好地衔接;顶部与两侧边缘适当嵌入边坡内,并整修与坡面齐平,防止雨水自接缝渗入。

(2)采用封闭式坡面防护(浆砌石护坡和护墙等)应在防护体上设泄水孔和伸缩缝。当坡面有地下水出露时,应采取措施将水引出。

9.4 膨胀土(岩)边坡坡顶防护结构破坏类风险点防控及处理

9.4.1 坡顶截流沟风险点防控及处理

渠道运行管理过程中,应经常性地对坡顶截流沟进行巡视检查,当发现坡顶截流沟有淤堵、排水不畅现象时,应马上清理,保持截流沟排水畅通。当发现截流沟衬砌板有破损、冲毁、隆起、裂缝等现象时,应及时修复。衬砌板裂缝和破损处理可参照"9.3.1"节相关内容,衬砌板隆起时可先将衬砌板后地下水引出,使衬砌板恢复原状,衬砌板被冲毁的应重新进行衬砌。

9.4.2 坡顶防护堤风险点防控及处理

渠道运行管理过程中,应经常性地对坡顶防护堤进行巡视检查,当发现防护堤有裂缝时,对于纵向裂缝,若裂缝深度较浅(小于50 cm),可进行抽槽填缝;若裂缝深度较深,可进行灌浆;若裂缝贯通整个防护堤断面,则要开挖重填。对于横向裂缝,需在裂缝部位开挖重填;对于防护堤上雨淋沟和洞穴的防控处理,可参考"9.2.1.3"节相关内容。

9.5　典型实体问题的工程实例

9.5.1　疑似滑坡加固处理

大型输水渠道膨胀土(岩)某段桩号 8+740~8+860 渠道共计 6 级边坡,最大挖深 40 m。其中,一级马道宽 5 m,一级马道以下渠道深 9.77 m,坡比 1:3;一级马道以上除四级马道宽为 50 m 外,其余马道宽均为 2 m,每级边坡深约 6 m,坡比 1:2.5,设计横断面见图 9-2。该段渠道为中膨胀土渠段,全断面采用掺量 5% 的水泥改性土换填。其中:一级马道以下渠坡换填厚度为 1.5 m,支护形式为抗滑桩+坡面梁形式支护,抗滑桩为方桩,间距 4 m,断面为 1.2 m×2 m,桩深约 13.6 m,坡面梁断面为 0.7 m(高)×0.8 m(宽),具体处理措施见图 9-3。一级马道以上渠坡改性土换填厚度为 1 m,该处未设置抗滑桩支护措施。

巡视过程中发现该段非过水断面局部排水沟沉陷、断裂,沟壁间距持续缩窄、排水沟内侧沟壁与底板出现脱空现象;一级马道以上坡面防护混凝土拱圈出现连续性裂缝;过水断面衬砌面板出现纵向裂缝。疑似发生深层滑动。

2016 年 12 月至 2017 年 1 月对该段渠坡(120 m)进行应急处理,主要项目包括伞形锚杆边坡加固、坡体排水措施以及安全监测措施等。平面布置如图 9-4 所示。

1. 伞形锚加固

在该段变形体三级边坡采取 3 排伞形锚杆加固,加固边坡长度为 120 m,锚杆间、排距 3 m,矩形布置,其中第一排锚杆距三级坡坡脚斜长 1 m,第一排和第二排锚杆长 15 m,第三排锚杆长 20 m,锚杆与水平方向夹角 35°~40°,伞形锚杆设计锚固力为 100 kN(相当于 10 t),锁定锚固力不小于 50 kN。

(1)用潜孔钻钻孔,孔径为 110 mm,钻孔时尽量不扰动周围地层,钻孔前,根据设计要求和地层条件,定出孔位并做标记,水平、垂直方向的孔距误差不应大于 100 mm,钻孔深度比设计锚固长度长 1.5 m 左右,以保证伞形锚有足够的张拉距离。

(2)伞形锚的锁定安装:根据布置锚杆位置,在锚固点坡面上开挖锚固方向垂直面,开挖直径为 1 000 mm,深度约 400 mm,以方便后期边坡恢复;下锚,将锚头放入孔底,锚杆上绑扎注浆导管。注入强度等级为 32.5 MPa 的水泥浆。

(3)在承压板上支模浇筑 C20 素混凝土,以防止水沿锚杆渗入;覆土,进行坡面恢复。

2. 排水措施(集水槽+排水管)

在该处变形体三级坡坡脚增加排水措施,集水槽开口下沿距三级坡脚 0.5 m 处,开挖投影尺寸 0.8 m×2 m,深入原状土 0.5 m,布置原则为在原有排水管出水明显部位按间距 10 m 布置,其他部位按间距 20 m 布置。集水槽底部设置 2 根 PVC 排水管,间距 1 m,管径 110 mm,槽内排水管采用花管,并包裹一层反滤土工布,集水槽下部设置 1 m 厚砂砾石反滤排水体,反滤体上部铺设一层土工布,土工布上部按原设计标准(5%)回填改性土,分层压实回填,压实度不小于 0.98,然后上铺 10 cm 腐殖土,恢复坡面原状。

图 9-2 典型横断面示意图

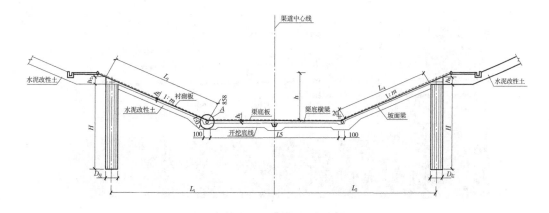

图 9-3　过水断面处理措施示意图

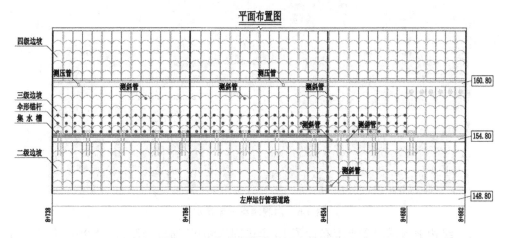

图 9-4　应急加固措施平面布置示意图

3. 安全监测措施

在该段选择三个典型断面埋设安全监测设施。该处变形体共增加相关安全监测措施 53 处,其中水平垂直位移综合测点 6 个、渠坡土体深埋点 12 个、锚固板测点 15 个、测斜管 3 孔、钢筋计 15 支、测压管 2 孔。加上该段渠道内原有监测措施,各测点布置情况见图 9-5、图 9-6。

应急加固处理后监测数据情况如下。

1)安全监测情况

分析加固处理后近 4 个月的监测数据显示,应急处理后边坡变形明显减缓,但仍呈缓慢增加趋势。

(1)8+810、8+830、8+850 处二、三级马道各布设 1 个水平垂直位移综合测点,截至 2017 年 5 月 14 日监测数据显示,左、右岸方向边坡最大累计位移为 32.50 mm,比处理后又增加了 7.4 mm,平均每月增加 1.85 mm。

图 9-5　外观测点布置情况

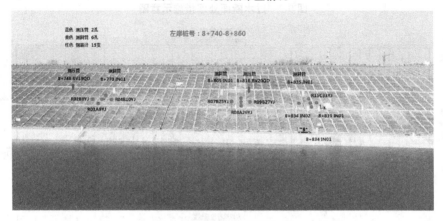

图 9-6　内观测点布置情况

(2)三级边坡封锚混凝土上布设了 15 个锚固板测点,通过观测,截至 2017 年 5 月 14 日锚固板左、右岸方向最大累计位移为 10.98 mm,平均每月增加 2.75 mm。

(3)三级边坡桩号 8+770、8+805、8+835 处各布设 1 孔测斜管,孔深均为 25 m,应急处理后 3 孔测斜管左、右岸方向累计位移均在缓慢增加,截至 2017 年 5 月 4 日,最大累计位移为 10.53 mm,平均每月增加 2.63 mm。

(4)三级边坡伞形锚杆上布设有 15 支钢筋计,通过观测,13 支钢筋计受力在逐渐增大,截至 2017 年 5 月 11 日,钢筋计最大受力为 91.5 kN,处理后平均每月增加 6.63 kN(另外 2 支钢筋计测量数据不稳定,不作为参考)。

2)人工观察测量情况

(1)该段分别选取 6 个典型断面在四级边坡处设置拱格裂缝人工观测点,对各拱格裂隙测点进行后续长期测量观察,自应急加固处理结束后 5 个月内,该段变形体人工测量变形值为 2~5 mm,具体测值见表 9-1。

表 9-1　拱格裂缝变形情况统计

桩号	2017 年 1 月 22 日测	2017 年 6 月 27 日测	变化情况
	初始宽度(mm)	当前宽度(mm)	(mm)
8+782	169	171	2
8+790	150	153	3
8+805	139	141	2
8+810	145	148	3
8+820	151	156	5
8+834	113	116	3

(2)该段分别在二级马道排水沟处共设置 6 处排水沟人工观测点,对该处排水沟变形测点进行后续长期测量观察,自应急加固处理结束后 4 个月内,该段变形体人工测量变形值为 0~5 mm,具体测值见表 9-2。

表 9-2　二级马道排水沟变形情况统计

桩号	2017 年 1 月 22 日测	2017 年 6 月 27 日测	变化情况
	初始宽度(mm)	当前宽度(mm)	(mm)
8+805	205	205	0
8+816	198	195	−3
8+826	140	136	−4
8+842	163	158	−5
8+855	195	190	−5
8+865	240	238	−2

9.5.2　填方渠段堤顶裂缝处理

2015 年 7 月,大型输水渠道某膨胀土高填方渠道 40+100~40+780 段右岸渠堤沥青混凝土路面靠外侧约 1.5 m 处纵向分布有约 400 m 长的裂缝,缝宽 1~5 mm 不等,深度穿透沥青混凝土层,缝两边基本平整,没有明显的错台现象,填方坡脚也没发现滑动的迹象。2016 年 9 月在破损的路面开挖了一个长 4.0 m、宽 50 cm、深 50 cm 的探坑,发现沥青路面下的改性土层有明显的裂缝,最大缝宽约 3 cm,缝面向外坡倾斜发展。对渠堤外坡脚巡查后,发现坡脚排水沟内侧壁局部向外倾斜。该段渠道为高填方段,填高 8~10 m。

9.5.2.1　采取的初步巡查及观测措施

(1)发现该问题后,用沥青对缝隙进行了封闭处理,并对裂缝加强观测。

（2）为保证汛期渠堤安全,2016 年 5 月汛前,又对裂缝进行了一次灌注沥青处理。

（3）采用电测法等手段探测该处裂缝深度,显示该段裂缝最大深度约 3.2 m。

（4）在该段外坡坡顶、一级马道及坡脚分别增加水平位移观测墩加强监测,同时在相同桩号外坡坡顶处增加 1 孔测斜管(深度为 15 m)加强监测,观测频次为每周一次,加密期为半年。

（5）要求工程巡查人员将该部位作为重点,跟踪观测,发现异常后及时处置。

9.5.2.2　采取的工程措施

填方渠段纵向裂缝可采用锥探灌浆进行灌浆处理,浆液宜采用较浓的黏土浆。鉴于该部位有一处下穿引水涵洞,应重点关注渠堤是否存在横向裂缝和变形。

（1）充填式灌浆的轴向与裂缝重合,灌浆孔孔径为 50 mm,孔深至裂缝底高程以下 2 m。

（2）灌浆采用Ⅲ序施工。

（3）浆液采用黏性土或粉土掺水泥制得,水泥掺量 12%。灌浆土料性能和灌浆浆液性能分别见表 9-3 和表 9-4。灌浆土料采用弱膨胀土或非膨胀黏土。

表 9-3　灌浆土料性能

项目	土料性能	备注
塑性指数	10~25	
黏粒含量(%)	20~45	
粉粒含量(%)	40~70	
砂粒含量(%)	<10	粒径小于 0.5 mm
可溶盐含量(%)	<8	
有机质含量(%)	<2	

表 9-4　灌浆浆液性能

项目	浆液性能	备注
密度(t/m³)	1.3~1.6	
黏度(s)	30~100	1006 型漏斗黏度计
稳定性(g/cm³)	<0.1	
胶体率(%)	>80	
失水量(mL/30 min)	10~30	

（4）灌浆压力不应大于 50 kPa。

（5）灌浆孔按图 9-7 所示布置,间距 1 m,梅花形布置 3 排;灌浆完成后检查裂缝内浆液重填情况;若充填密实,则停止灌浆;若充填不密实,则加密灌浆,加密后的孔间距为 0.5 m。施工采用Ⅲ序施工。

（6）为控制渠堤灌浆过程,检验灌浆效果,保证渠堤安全,在灌浆期间应进行全过程

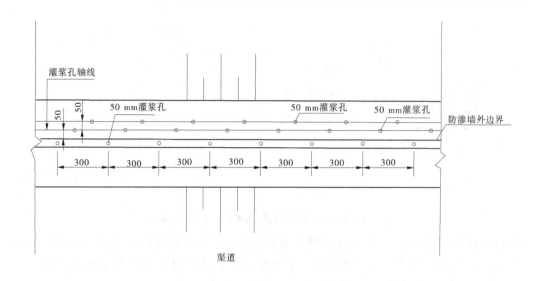

图 9-7　灌浆孔加密平面布置图　(单位:cm)

监测;监测内容包括堤身变形、渗流、裂缝和冒浆等。

(7)应进行灌浆过程检查和灌浆质量检查。其中,灌浆质量检查重点检查原有裂缝充填密实情况,必要时可采取开挖探槽检查。质量合格后恢复路面。

(8)施工完成后,应对堤身变形、浸润线持续加密监测一个雨季,加密频率为一周至少一次。另外,应加强巡视,对新产生裂缝,根据裂缝深度及时采取必要的处理措施。

(9)施工技术要求和质量检查应满足《土坝灌浆技术规范》(SL 564)和《水工建筑物水泥灌浆施工》(SL 62)的相关规定。

9.5.3　滑坡处理

某大型输水渠道膨胀土(岩)渠道纵坡 1/25 000,渠道横断面为梯形断面,共三级边坡,典型横断面见图 9-8。过水断面边坡 1:3.25,一级马道以上边坡 1:2.75,设计渠底宽 18.5 m,一级马道宽 5 m。渠道过水断面采用现浇混凝土衬砌,衬砌板厚度为 15 cm,衬砌混凝土等级为 C20W6F150;衬砌板下部采用 0.5 mm 厚复合土工膜防渗,采用 3.0 cm 厚挤塑聚苯乙烯泡沫塑料保温板措施防冻。该段为深挖方强膨胀土渠段,过水断面渠坡、渠底换填厚度均为 3.5 m,一级马道以上换填厚度 1.5 m;过水断面渠基排水采用换填层上下双层排水的内排型式。一级马道以上边坡采用预制混凝土六角形空心框格防护,并设混凝土护肩,框格内填土并植草。

2016 年 7 月 19~20 日,该区域突降特大暴雨。7 月 21 日上午管理处工程巡查发现该段右岸二级边坡出现局部滑塌,尺寸约 55 m×30 m;7 月 25 日下午,该段二级边坡出现大面积滑坡,滑坡长约 100 m,滑坡体上缘位于二级马道及以上,下缘位于一级马道附近,且二级马道以上边坡出现约 70 cm 深裂缝,一级马道出现挤压变形。

9.5.3.1　前期应急处理

1. 一级马道以上卸载

由于滑坡体仍存在下滑风险,影响过水断面安全,对滑坡体进行卸载。考虑一级马道

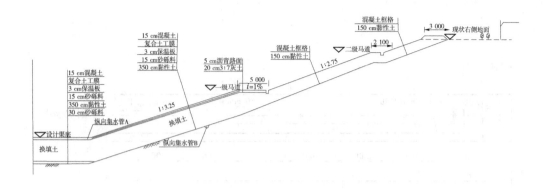

图 9-8　某段边坡设计断面示意图　（单位:mm）

以上换填厚度 1.5 m,为了防止完全清除滑坡体后对原基面造成影响,挖除厚度可按 1 m 左右控制,留出保护层,待下一步处理。如开挖过程中,滑坡体不能留出保护层,开挖后要及时进行苫盖,防止外界环境对膨胀土(岩)基面造成影响。

2.抗滑桩措施

为了防止滑坡体对过水断面的进一步破坏,在卸载的同时,在二级边坡距一级马道一定距离处设置一排钢筋混凝土抗滑桩(布置位置尽量向上)。加固段总长 100 m,共布置 21 根抗滑桩,桩间距 5 m。抗滑桩桩径 1.2 m,桩长 15～12 m。为了监测滑坡处理效果,在抗滑桩顶布置位移变形测点 3 个。抗滑桩混凝土采用二级配,强度等级 C30。抗滑桩采用回旋钻成孔。

9.5.3.2　处理方案

根据滑坡实际情况,采用清坡工程+黏性土换填工程+排水工程+渠坡防护工程+防护堤工程进行治理。

1.清坡工程

结合该段地质情况与现场实际情况,在不增加永久占地的条件下,尽量保留应急处理后施工平台,处理段起终点与上下游边坡顺接。

对应急抢险未清除到位的滑坡松散体进行清除,现状实际换填厚度大于等于原设计换填厚度,按照实际换填面清除;现状实际换填厚度小于原设计换填厚度,按照本次设计换填面清除,保证已经滑动的松散体清理干净。按应急抢险清理的断面进行削坡。削坡断面一级马道以上至平台边坡为 1:2.00,平台以上边坡均为 1:2.75。滑坡断面一级马道、二级马道宽度与原设计一致,分别为 5 m 和 2 m,平台宽度为 0～3.8 m。

2.黏性土换填工程

由于该段以中—强膨胀潜势为主,一级马道以上渠坡换填厚度仍采用 1.5 m,换填层底部按照渠基排水要求布设排水盲沟和软式透水管等。

开口线以外地表为少量的黄土状壤土和膨胀土,雨季在局部地段可形成上层滞水,对边坡稳定不利,上开口线至右侧隔离网范围地表采用黏性土进行换填处理,换填厚度 1 m,并向隔离网栏一侧倾斜,坡度 1%。绿化带换填时遇局部地形低洼、高岗时进行整平,形成倾斜地势。

3. 排水工程

在渠坡换填土后设置排水盲沟、纵横向集水管,通过 PVC-U 管排入排水沟,最后通过路基排水管排水入渠。纵向集水管设置 5 排,横向集水管纵向间距 6m,PVC-U 排水管纵向间距 3 m,纵横向集水管采用 DN100 软式透水管,软式透水管与 DN110PVC-U 管采用三通连接,连接部位采用土工布包裹。滑坡段新增排水沟与原排水沟相连,构成排水网体系。

在渠道内坡一级马道、平台、二级马道的位置设置 3 条纵向排水沟,拦截坡面雨水;在一级马道以上边坡间隔 60 m 设置横向排水沟。排水沟采用预制混凝土结构,纵、横向排水沟连通布置,在一级马道处通过集水井和排水管集中排至总干渠渠内。

4. 渠坡防护工程

1)边坡防护

边坡衬砌维持原设计,采用混凝土框格植草护砌,预制混凝土六边形框格强度等级为 C20F150。

2)马道防护

二级马道、平台防护型式与边坡相同,采用预制混凝土六边形框格植草护砌。一级马道运行路面型式不变,采用 5 cm 厚沥青路面、20 cm 厚 3:7 灰土垫层并与混凝土纵向排水沟及集水井结合。

5. 防护堤工程

为防止地面坡水入渠,距离上开口线 1 m,设置防护堤,防护堤一般高于地面 1.0 m。防护堤堤顶宽 2 m,边坡为 1:1.5,防护堤外坡为防止坡面水冲刷,设 0.3 m 厚浆砌石防护。

9.5.3.3 安全监测

滑坡区位移监测主要是了解施工期和运行期滑坡体位移量、位移变形速度、滑坡体活动范围,为滑坡安全和检验防治工程效果提供可靠的信息。滑坡区位移监测系统由地表位移监测组成。采用原监测方案对新增的监测点进行监测。

参 考 文 献

[1] 长江水利委员会长江科学院,河南省水利勘测设计研究有限公司,等.膨胀土(岩)渠坡破坏机理及分析方法研究.国家"十一五"科技支撑课题—膨胀土地段渠道破坏机理及处理技术研究—专题二研究报告[R].2010.

[2] 河南省水利勘测设计研究有限公司,国务院南水北调工程建设委员会办公室建设管理司.南水北调中线总干渠膨胀土(岩)渠段实体问题研判与防控措施研究报告[R].2018.

[3] 程展林,龚壁卫.膨胀土边坡[M].北京:科学出版社,2015.

[4] 刘兴远,雷用,康景文.边坡工程——设计·监测·鉴定与加固[M].北京:中国建筑工业出版社,2015.

[5] 长江水利委员会长江科学院,河南省水利勘测设计研究有限公司,等.膨胀土(岩)渠道处理技术研究.国家"十一五"科技支撑课题—膨胀土地段渠道破坏机理及处理技术研究—专题三研究报告[R].2010.

[6] 长江水利委员会长江勘测规划设计研究院,河南省水利勘测设计研究有限公司,等.膨胀土(岩)渠坡的设计与施工研究.国家"十一五"科技支撑课题—膨胀土地段渠道破坏机理及处理技术研究—专题四研究报告[R].2010.

[7] 中水北方勘测设计研究有限责任公司.南水北调中线一期工程总干渠陶岔渠首至沙河南段工程鲁山南2段工程膨胀土(岩)渠段渠道设计变更报告[R].2011.

[8] 黄河勘测规划设计有限公司.南水北调中线一期工程总干渠鲁山南1段中、强膨胀岩(土)段设计变更报告[R].2011.

[9] 黄河勘测规划设计有限公司.南水北调中线一期工程总干渠郑州1段中、强膨胀岩(土)段设计变更报告[R].2011.

[10] 河北省水利水电第二勘测设计研究院.南水北调中线一期工程总干渠河北省邯邢段强膨胀及深挖方中膨胀性渠段渠道设计变更报告[R].2011.

[11] 河北省水利水电第二勘测设计研究院.南水北调中线一期工程总干渠河北省磁县段初步设计报告[R].2009.

[12] 河北省水利水电第二勘测设计研究院.南水北调中线一期工程总干渠邯郸市至邯郸县段工程初步设计报告[R].2009.

[13] 河北省水利水电第二勘测设计研究院.南水北调中线一期工程总干渠临城县段初步设计报告[R].2009.

[14] 黄河勘测规划设计有限公司.南水北调中线一期工程总干渠陶岔渠首至沙河南段工程鲁山南1段初步设计报告[R].2010.

[15] 长江勘测规划设计研究有限责任公司.南水北调中线一期工程总干渠陶岔渠首至沙河南段工程【南阳段】初步设计报告[R].2010.

[16] 长江勘测规划设计研究有限责任公司.南水北调中线一期工程总干渠陶岔渠首至沙河南段工程【淅川段】初步设计报告[R].2010.

[17] 黄河勘测规划设计有限公司.南水北调中线一期工程总干渠沙河南至黄河南段工程郑州1段初步设计报告[R].2010.

[18] 王建民. 矿山边坡变形监测数据的高斯过程智能分析与预测[D]. 太原:太原理工大学,2016.

[19] 杨波. 边坡变形监测方案[D]. 益阳:湖南城市学院,2012.

[20] 杨亮. GPS 技术在边坡变形监测中的应用研究[D]. 兰州:兰州理工大学,2014.

[21] 李聪. 边坡变形与稳定性演化预测预警方法研究[D]. 武汉:武汉大学,2011.

[22] 李凡月. 露天矿边坡变形监测与预测预报系统研究[D]. 阜新:辽宁工程技术大学,2011.

[23] 何雨. 面向边坡变形监测的若干关键技术应用研究——以龚家方边坡监测为例[D]. 重庆:重庆交通大学,2015.

[24] 张金航. 高填方边坡变形破坏机理及预防对策研究——以攀枝花机场 12#滑坡为例[D]. 成都:成都理工大学,2010.

[25] 李亚兰. 黄土边坡坡面稳定性及预防措施研究[D]. 西安:长安大学,2005.

[26] 廖华荣. 路基边坡冲刷机理及防护研究[D]. 长沙:湖南大学,2012.

[27] 倪武杰. 土质边坡破坏机理及稳定性研究[D]. 西安:长安大学,2010.

[28] 王树忠,于立波. GPS-RTK 在霍林河露天矿边坡变形监测中的应用[J]. 露天采矿技术,2011(5):4-6.

[29] 谢秋生,李海蒙,李军财. GPS 在矿山边坡变形监测中的应用[J]. 江西冶金,2006,26(2):14-16.

[30] 杨忠. 边坡变形监测与滑坡预报[J]. 露天采矿技术,2003(1):17-18.

[31] 许文学,羊远心等. 高填方机场边坡变形监测新方法[J]. 测绘工程,2014,23(11):46-50.

[32] 付武斌,邓喀中. 基于三维激光扫描仪的边坡变形监测技术[J]. 中国科技论文在线.

[33] 张克利,吴磊,宋勇. 西南某边坡变形监测分析[J]. 山西建筑,2013,39(29):57-58.

[34] 詹长辉,许锐,闫金凯. 从坡面破坏机理探究优化边坡支护结构设计[J]. 山西建筑,2006,32(21):79-80.

[35] 杨婷. 高填方渠道边坡变形稳定性研究[J]. 水利规划与设计,2015,(10):86-87.

[36] 王国慧,孟宪忠. 路基边坡常见病害及预防[J]. 黑龙江交通科技,2007(1):55-57.

[37] 陈新栋. 路基边坡坡面暴雨冲刷防护措施的研究[J]. 道路桥梁,2021(8):152.

[38] 黄星,丁国洪. 蒙自地区膨胀土路基特征与处理[J]. 城市道路与防洪,2006(5):161-163.

[39] 屈志刚,申黎平,李明新,等. 南水北调中线工程高填方渠道加强措施探讨[J]. 人民长江,2013,44(16):63-66.

[40] 王福泰. 渠道衬砌破坏原因分析及改造设计与施工[J]. 甘肃水利水电技术,2005,41(3):262-263.

[41] 侯海鹏. 谈冲沟回填的边坡治理设计[J]. 山西建筑,2015,41(34):78-79.

[42] 南水北调中线干渠工程建设管理局. 南水北调中线一期工程总干渠渠道膨胀土处理施工监测实施细则[Z]. 2010.

[43] 中华人民共和国住房与城乡建设部. 建筑边坡工程技术规范:GB 50330—2013[S]. 北京:中国建筑工业出版社,2013.

[44] 中华人民共和国住房与城乡建设部. 膨胀土地区建筑技术规范:GB 50112—2013[S]. 北京:中国建筑工业出版社,2013.

[45] 中华人民共和国住房与城乡建设部. 建筑边坡工程鉴定与加固技术规范:GB 50843—2013[S]. 北京:中国建筑工业出版社,2013.

[46] 中华人民共和国住房与城乡建设部. 堤防工程设计规范:GB 50286—2013[S]. 北京:中国计划出版社,2013.